计算机类技能实战系列丛书
互联网+创新型“十四五”精品教材

U0827375

Python
网络爬虫

主　编◎韦冬雪　王　彪　凌　宁
副主编◎关志广　张丽萍　马文静
　　　　刘　莹　张雅玫

哈尔滨工程大学出版社
Harbin Engineering University Press

内 容 简 介

基于当前市场对与Python网络爬虫技术的需要，本书以项目任务式体例模式，循序渐进地介绍Python网络爬虫的基本原理和具体应用的方法与技巧。全书共7个项目，主要包括Python基础知识、网络爬虫基础知识、Urllib请求模块库的应用、Urllib3请求模块库的应用、Requests请求模块库的应用、解析网页、Scrapy网络爬虫框架的内容。读者学后可以融会贯通、举一反三，快速创建符合自身需求的Python程序设计。

本书结构清晰，语言简洁，既可作为应用型本科院校、职业院校的教材，也可作为Python网络爬虫爱好者的参考书。

图书在版编目（CIP）数据

Python网络爬虫 : 微课版 / 韦冬雪，王彪，凌宁主编. -- 哈尔滨 : 哈尔滨工程大学出版社，2025. 3.
ISBN 978-7-5661-4692-2

Ⅰ. TP311.561

中国国家版本馆CIP数据核字第202576VW71号

Python 网络爬虫（微课版）
Python WANGLUO PACHONG（WEIKE BAN）

选题策划 张林峰
责任编辑 田 婧

出版发行 哈尔滨工程大学出版社
社 址 哈尔滨市南岗区南通大街145号
邮政编码 150001
电 话 0451-82519989
经 销 新华书店
印 刷 三河市中晟雅豪印务有限公司
开 本 787 mm×1 092 mm 1/16
印 张 15.5
字 数 397千字
版 次 2025年3月第1版
印 次 2025年3月第1次印刷
书 号 ISBN 978-7-5661-4692-2
定 价 49.80元

http://www.hrbeupress.com
E-mail:heupress@hrbeu.edu.cn

前　言

党的二十大报告中指出，育人的根本在于立德，要全面贯彻党的教育方针，落实立德树人的根本任务，培养德、智、体、美、劳全面发展的社会主义建设者和接班人。报告中的内容为我国新时代的教育事业指明了清晰且坚定的方向，也为我们提供了思想指引和行动指南。

Python 是一个高层次的结合了解释性、编译性、互动性和面向对象的脚本语言，他的设计具有很强的可读性。本书以由浅入深、循序渐进的方式展开讲解，以合理的结构和经典的范例对 Python 基本和实用的功能进行了详细的介绍。

（1）本书实例丰富。书中的实例不管是数量还是种类，都非常丰富。本书结合大量的 Python 网络爬虫实例，详细介绍 Python 网络爬虫的基本原理，让读者在学习实例的过程中潜移默化地掌握 Python 网络爬虫的应用方法。

（2）本书突出提升技能。书中从全面提升读者的 Python 网络爬虫实际应用能力出发，通过深入剖析实例，使读者能够独立地完成各种 Python 网络爬虫应用操作。书中的大部分实例源自 Python 网络爬虫项目案例，经过编者的精心提炼和改编，不仅能帮助读者学好知识点，而且能够提升读者的实际操作水平。

（3）本书技能与思政教育紧密结合。本书在介绍 Python 网络爬虫专业知识的同时，紧密结合思政教育主旋律，使读者在学好专业知识的同时，还能强化思政教育。

（4）本书项目式教学，实操性强。本书采用项目的形式组织内容，把 Python 网络爬虫的理论知识分解并融入每个项目中，增强了本书的实用性。

本书由韦冬雪、王彪、凌宁（南宁职业技术大学）担任主编，由关志广（南宁职业技术大学）、张丽萍（云南农业职业技术学院）、马文静（郑州商业技师学院）、刘莹（潍坊市技师学院）、张雅玫（玉林市第一职业中等专业学校）担任副主编。本书的相关资料和售后服务可扫封底微信二维码或登录 www.bjzzwh.com 下载获得。

由于编者水平有限，书中难免存在疏漏和不当之处，敬请各位专家及读者批评指正。

编　者

目　录
CONTENTS

项目1 Python基础知识

项 目 导 读

Python 由荷兰数学和计算机科学研究学会的吉多·范罗苏姆(Guido van Rossum)于20世纪90年代初设计，作为ABC语言的替代品。Python提供了高效的高级数据结构，还能简单有效地面向对象编程。本项目主要介绍Python相关的基础知识。

学习目标

◆ 知识目标

1. 掌握 Python 的安装过程。
2. 熟悉 PyCharm 的安装过程。
3. 掌握 Python 的语法规范。

◆ 技能目标

1. 会调试程序并解决常见错误。
2. 能实现简单的顺序、选择和循环结构的程序设计。

◆ 素质目标

1. 培养读者的创新意识，并使读者养成认真书写的好习惯。
2. 组织和引导读者积极参与和体验课程学习小组。

◆ 思政目标

1. 通过 Python 编程中的逻辑分析和问题解决，激发读者对科技创新的热情。
2. 培养读者良好的信息道德意识，为构建信息安全空间贡献力量。

任务 1　Python 概述

任务描述

上大学后，很多老师、读者组建了不同的编程语言学习小组。小白牢牢抓住这个机遇，加入了 Python 学习小组进行学习。Python 是获取网络数据的快捷方法之一，其中涉及的知识更是日后学习进阶课程不可或缺的基石。但首先要明白什么是 Python、如何安装 Python。

任务分析

本任务旨在引导读者入门 Python 编程。首先介绍 Python 的概况；其次指导安装 Python 和 PyCharm 开发环境；最后详细讲解 Python 的基本语法规范，帮助读者掌握编写规范代码的技能。

任务重点与实施

Python 是一种高层次的，结合了解释性、编译性、互动性和面向对象的脚本语言。Python 语言具有很强的可读性，相比其他语言经常使用英文关键字，它具有比其他语言更有特色的语法结构。

1.1.1　Python 简介

1. Python 的功能

Python 是一种简单、易学且功能强大的编程语言。它拥有高效的高级数据结构，并且能够用简单又高效的方式进行面向对象编程。

(1) Python 是一种解释型语言：在开发过程中没有了编译这个环节，类似于 PHP 和 Perl 语言。

(2) Python 是交互式语言：可以在一个 Python 提示符 >>>> 后直接执行代码。

(3) Python 是面向对象语言：Python 支持面向对象的风格或代码封装在对象的编程技术。

(4) Python 是读者的语言：Python 对初级程序员而言，是一种伟大的语言，它支持广泛的应用程序开发，从简单的文字处理到浏览器，再到游戏。

2. Python 的发展

1989 年，荷兰人 Guido van Rossum 为了克服 ABC 语言非开放的缺点，并受

Modula-3 的影响，结合了 UNIX shell 和 C 的习惯，开发了一种新的脚本解释程序——Python。

自 20 世纪 90 年代初 Python 语言诞生至今，已逐渐被广泛应用于系统管理任务的处理和 Web 编程。Python 现今已经成为非常受欢迎的程序设计语言之一。

1995 年，Guido van Rossum 在弗吉尼亚州的国家创新研究公司(CNRI)继续他在 Python 上的工作，发布了该软件的多个版本。

2000 年 5 月，Guido van Rossum 和 Python 核心开发团队转到 BeOpen. com，并组建了 BeOpen PythonLabs 团队。同年 10 月，BeOpen PythonLabs 团队转到 Digital Creations (现为 Zope Corporation)。

2000 年 10 月 16 日，Python 组织发布了 Python 2，该系列稳定版本是 Python 2. 7。自 2004 年以后，Python 的使用率呈线性增长。

2001 年，Python 软件基金会(PSF)成立，这是一个专为拥有 Python 相关知识产权而创建的非营利组织。

2008 年 12 月 3 日，Python 组织发布了 Python 3，该版本不完全兼容 Python 2。

2011 年 1 月，Python 3 被 TIOBE 编程语言排行榜评为 2010 年度语言。

2021 年 10 月 4 日，Python 组织正式发布了 3. 10 版本。

2024 年 10 月 7 日，Python 发布了 Python 3. 13。

1. 1. 2　安装 Python

Python 是一种解释性脚本语言，因此要想让编写的代码运行，需要先安装 Python 解释器。

1. Python 下载

打开 Python 官方下载界面 https://www. python. org/downloads/，如图 1-1 所示。向下滑动页面，如图 1-2 所示，在"Looking for a specific release?"选项组中显示不同版本的 Python。

若需要下载版本 3. 10. 0，则直接在官网单击"Download Python 3. 10. 0"按钮，下载 Python 3. 10. 0 的安装程序 python-3. 10. 0-amd 64. exe(完整的 64 位的离线安装包)即可。

> **提示**　每个版本的 Python 安装软件对应着不同的计算机操作系统。计算机操作系统包括 Windows、Linux/UNIX、macOS 等。读者大多使用 Windows 操作系统，因此这里只介绍在 Windows 操作系统环境下下载 Python 3. 10. 0 软件的方法及其安装过程。本书中介绍的程序也是在该操作系统下进行演示的。

2. 软件安装

(1)双击安装文件 python-3. 10. 0-amd64. exe，弹出"Python 3. 10. 0(64-bit) Setup"

对话框中的安装界面“Install Python 3. 10. 0(64-bit)”，下面介绍该界面中的选项。

① Install Now：默认安装且默认安装路径不能更改(一般默认安装在 C 盘)。

② Customize installation：自定义安装。

③ Install launcher for all users(recommended)：默认勾选该复选框，为所有用户安装启动器。

④ Add Python 3. 10 to PATH：勾选该复选框，将 Python 命令工具所在目录自动加到 Path 环境变量中。默认未勾选该复选框。

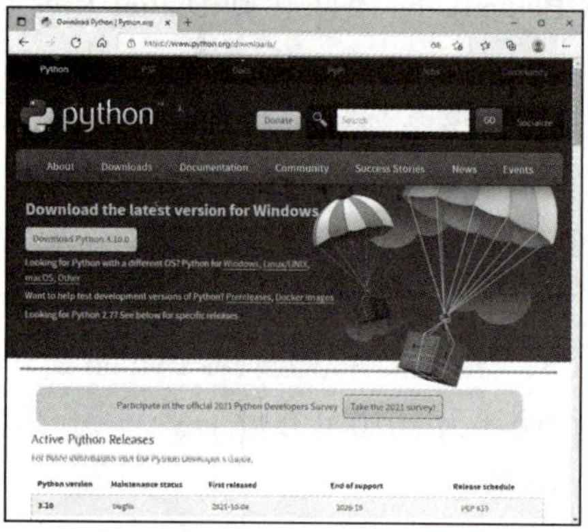

图 1-1　官网下载界面

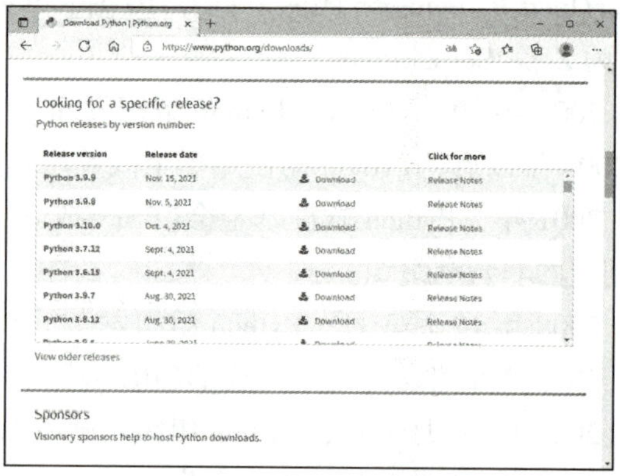

图 1-2　选择 Python 版本

(2)在该界面中勾选“Add Python 3. 10 to PATH”复选框，如图 1-3 所示。这样可以将 Python 命令工具所在目录添加到系统 PATH 环境变量中，以后开发程序或运行 Python 命令会变得非常方便。

提示

勾选“Add Python 3. 10 to PATH”复选框这步操作非常重要，若不勾选该复选框，则在软件安装完成后，进入监察室时，命令提示符会显示“‘python’不是内部或外部命令，也不是可运行的程序或批处理文件”，如图 1-4 所示。若要解决这个问题，则需要手动在计算机的环境变量中添加 Python 安装路径。

图 1-3　安装界面

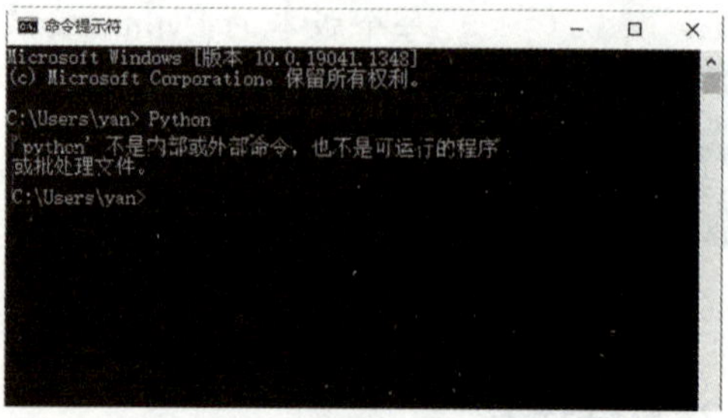

图 1-4　命令提示符显示信息

(3)单击下一步(Next)按钮，弹出“Python 3. 10. 0(64-bit)Setup”对话框中的可选功能(Optional Features)界面，选择默认参数设置，如图 1-5 所示。

① Documentation：勾选该复选框，安装 Python 帮助文档。

② pip：勾选该复选框，安装下载 Python 的工具 pip，pip 是现代通用的 Python 包管理工具，英文全称是 Python install packages。

③ td/tk and IDLE：安装 tkinter 和 IDLE 开发环境。

④ Python test suite：安装标准库测试套件。

⑤ py launcher：安装 Python 的发射器。

⑥ for all users(requires elevation)：适用所有用户。

(4)单击“Next”按钮，进入高级选项(Advanced Options)界面，在“Customize install location”文本框中更改安装地址(不建议安装在 C 盘)，其余选择默认设置，设置完毕后如图 1-6 所示。

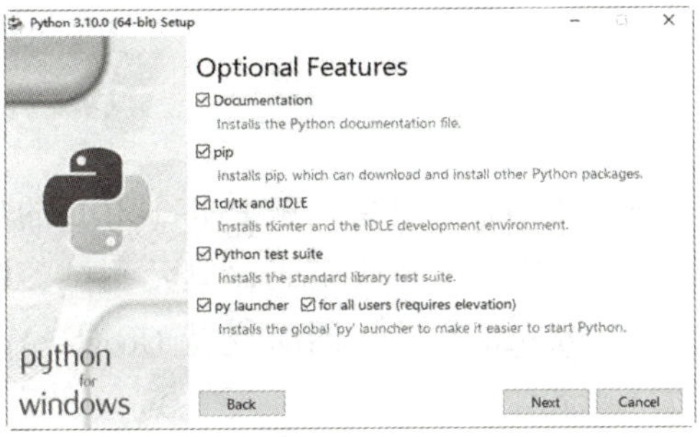

图 1-5　“Optional Features”界面

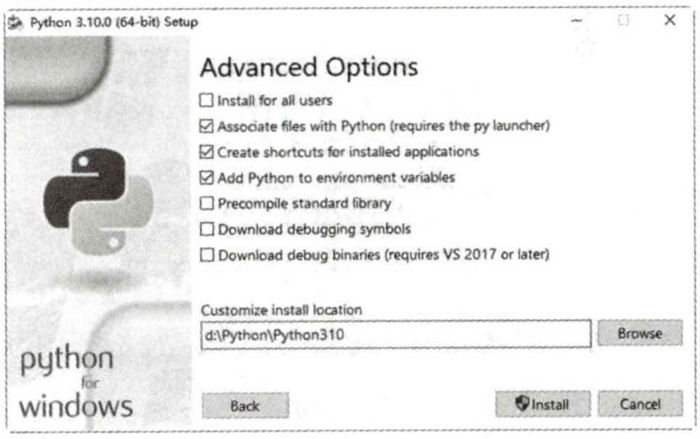

图 1-6　“Advanced Options”界面

(5)确定好安装路径后，单击“Next”按钮，此时对话框内会显示安装进度，如图 1-7 所示。由于系统需要复制大量文件，所以需要等待几分钟。在安装过程中，可以随时单击“Cancel”按钮终止安装过程。

(6)安装结束，弹出安装成功(Setup was successful)界面，如图 1-8 所示。单击关闭(Close)按钮，即可完成 Python 3. 10. 0 的安装工作。

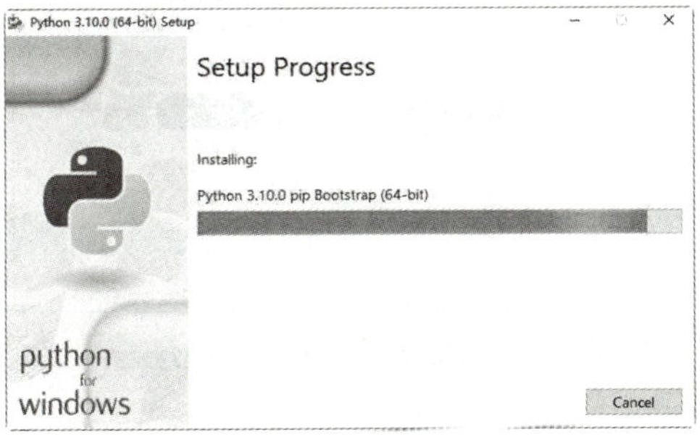

图 1-7　安装进度

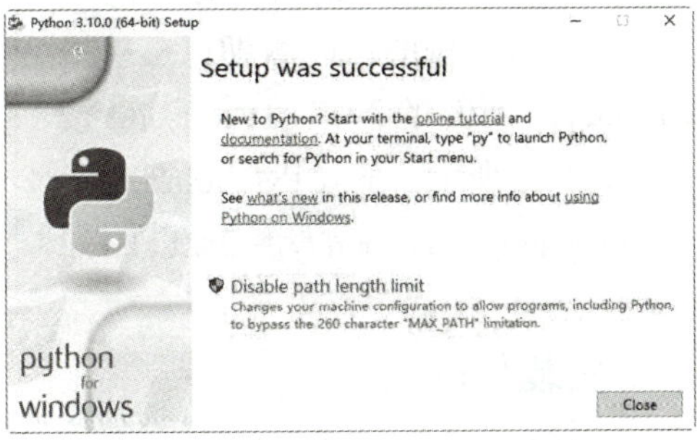

图 1-8　“Setup was successful”界面

3. 安装检查

Python 安装结束后，需要检查安装是否成功。在计算机的“开始”菜单中输入“cmd”，打开命令提示符，输入“Python”，按【Enter】键，若出现如图 1-9 所示的运行结果，则表示 Python 安装成功。

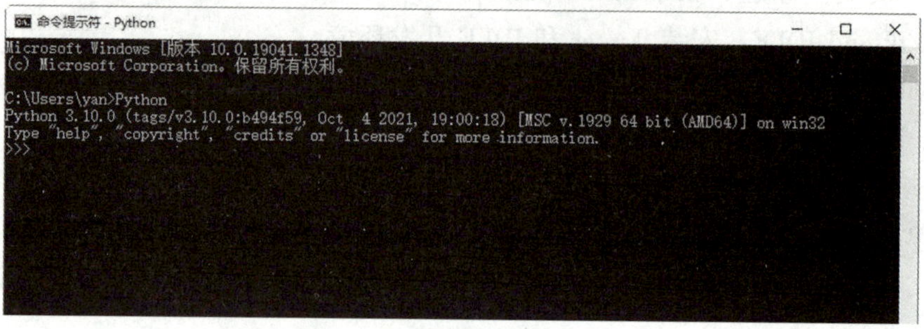

图 1-9 安装检查运行结果

1.1.3 安装 PyCharm

PyCharm 是由 JetBrains 打造的一款 Python IDE。PyCharm 具备一般 Python IDE 的功能，如调试、语法高亮、项目管理、代码跳转、智能提示、自动完成、单元测试、版本控制等。PyCharm 还提供了一些很好的功能用于 Django 开发，同时支持 Google App Engine，还支持 IronPython。

1. 下载软件

登录 PyCharm 的官方下载地址：https：//www.jetbrains.com/pycharm/download/#section = windows，有以下两个版本可以选择。

（1）Professional（专业版，收费）。

（2）Community（社区版，免费）。

一般下载免费的社区版即可。单击“Community”下面的下载（Download）按钮，如图 1-10 所示，下载 PyCharm2021.3 版本 pycharm - community - 2021.3.exe 文件。

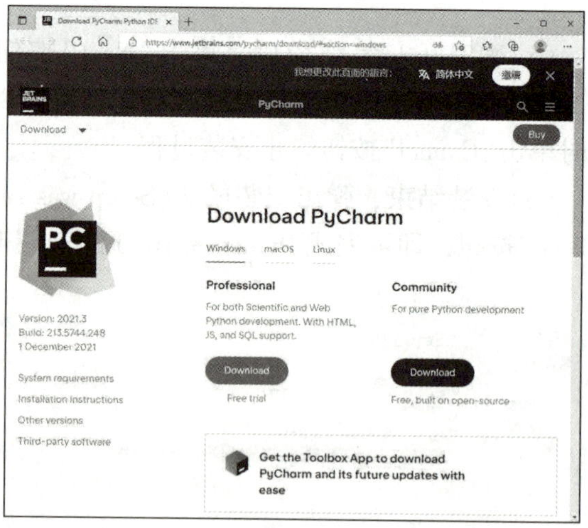

图 1-10 PyCharm 官方下载地址

2. 安装 PyCharm

（1）双击 pycharm-community-2021.3.exe 文件，弹出 PyCharm 的安装界面，如图 1-11 所示。

（2）单击“Next”按钮，进入选择安装位置（Choose Install Location）界面。在该界面中，用户需要选择 PyCharm 的安装路径，可以通过单击搜索（Browse）按钮，自定义其安装路径，如图 1-12 所示。

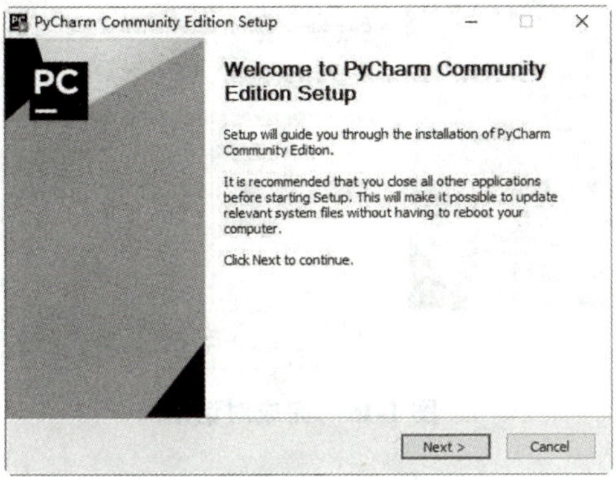

图 1-11　PyCharm 安装界面

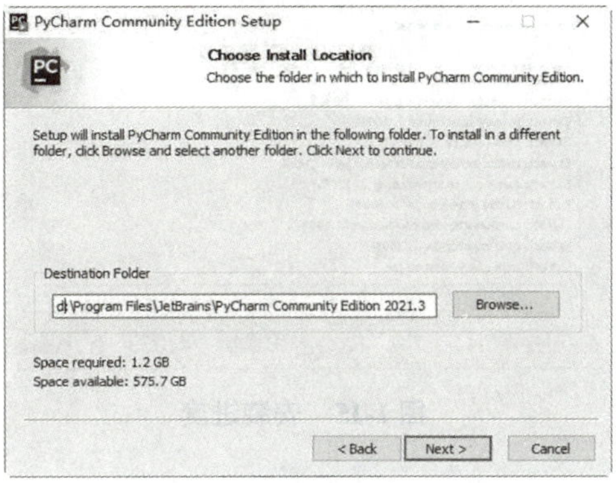

图 1-12　选择安装路径

（3）单击“Next”按钮，进入安装选项设置界面，如图 1-13 所示。

① PyCharm Community Edition：勾选该复选框，创建桌面快捷方式。

② Add "bin" folder to the PATH：勾选该复选框，将 PyCharm 的启动目录添加到环境变量，执行该操作后，需要重启计算机。

③ Add "Open Folder as Project"：勾选该复选框，添加快捷菜单，使用打开项目的方式打开此文件夹。

④ .py：勾选该复选框，选择用 PyCharm 打开 .py 文件。勾选该复选框后，PyCharm 打开的速度会比较慢。

（4）单击“Next”按钮，选择开始菜单文件，如图 1-14 所示，单击“Install”（安装）按钮，对话框内会显示安装进度，如图 1-15 所示，然后等待安装完毕。

（5）安装结束后会出现一个完成对话框，如图 1-16 所示。单击“Finish”（完成）按钮即可完成 PyCharm 的安装工作。

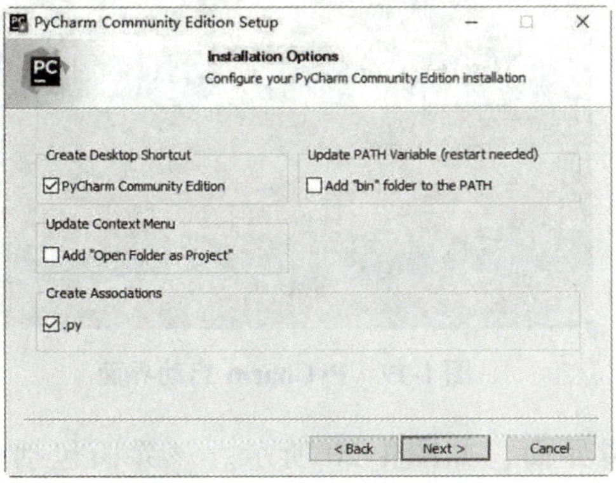

图 1-13　安装选项设置界面

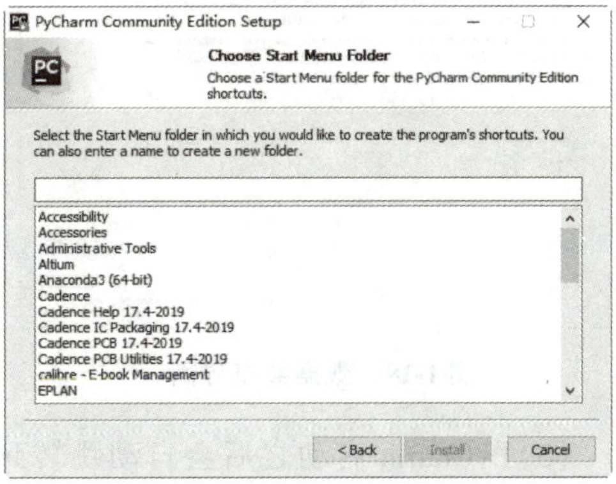

图 1-14　选择开始菜单文件

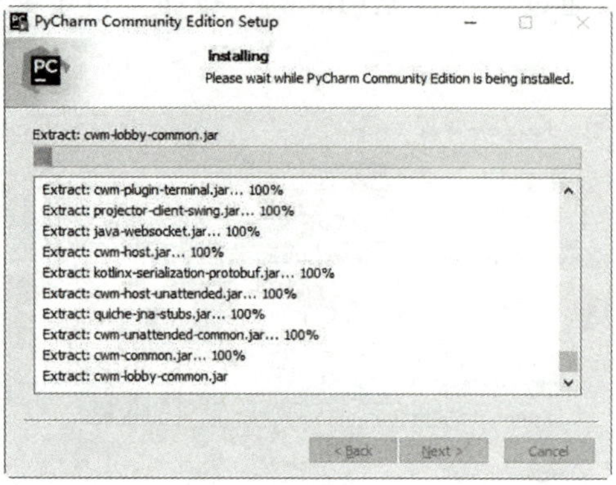

图 1-15　安装进度

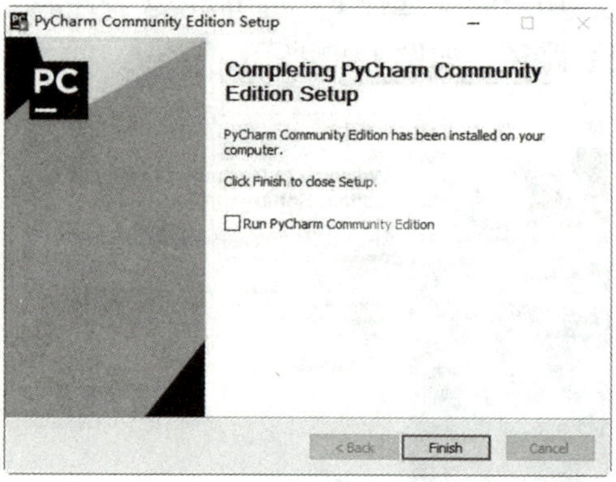

图 1-16　完成对话框

3. 配置 PyCharm

(1)双击运行桌面上的 PyCharm 图标，进入用户协议界面，勾选“I confirm that I have read and accept the terms of this User Agreement”复选框，同意用户使用协议，如图 1-17 所示。

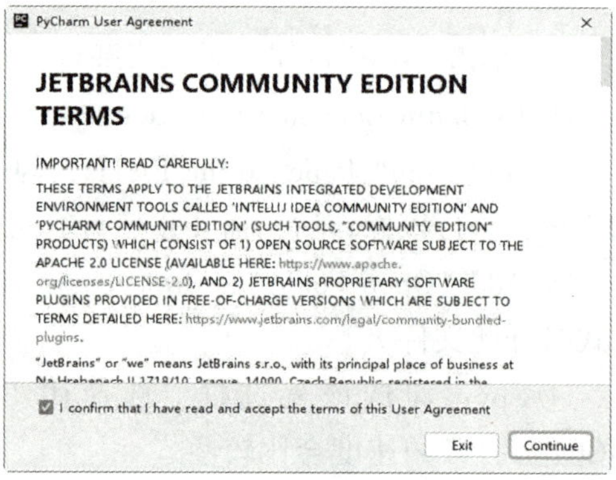

图 1-17　用户协议界面

(2)单击继续(Continue)按钮，进入数据共享(DATA SHARING)界面，如图 1-18 所示。确定是否需要进行数据共享，然后单击“Don't Send”按钮，进入 PyCharm 启动界面，如图 1-19 所示。

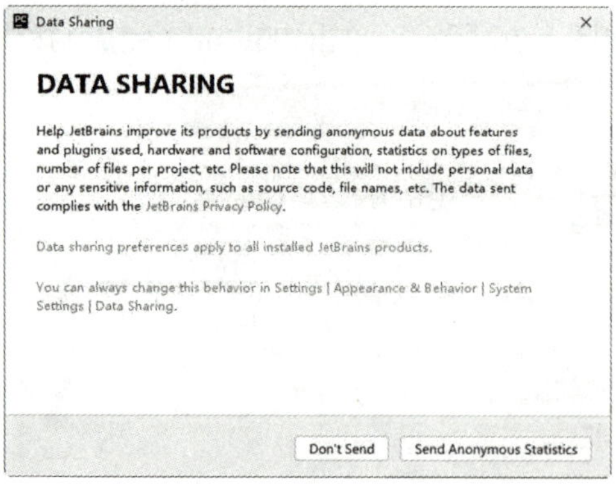

图 1-18　数据共享界面

图 1-19　PyCharm 启动界面

(3)PyCharm 启动之后会自动跳转到编辑界面，如图 1-20 所示。该界面包括项目(Projects)、自定义(Customize)、插件(Plugins)、学习文档(Learn PyCharm)4 个选项卡。

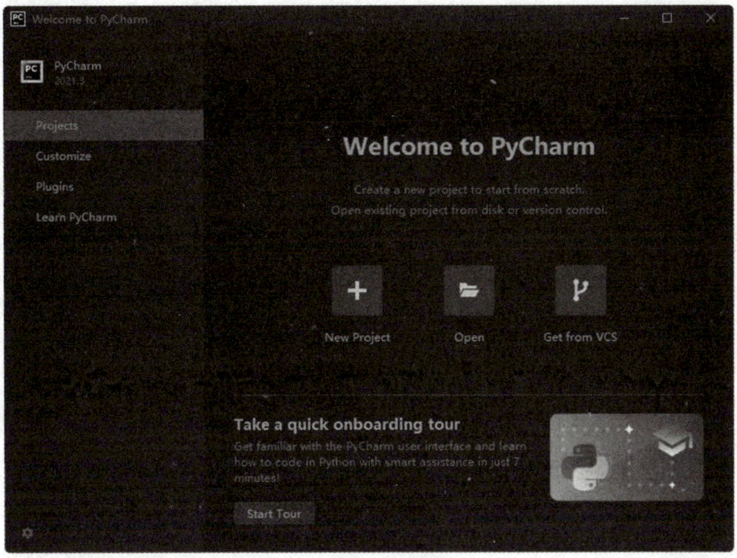

图 1-20　编辑界面

(4)选择“Customize”选项卡，设置编辑区参数。“Color theme”(颜色主题)下拉列表中有 4 个主题，如图 1-21 所示。根据需要选择“IntelliJ Light”(白色主题)选项，自动更新界面颜色，如图 1-22 所示。

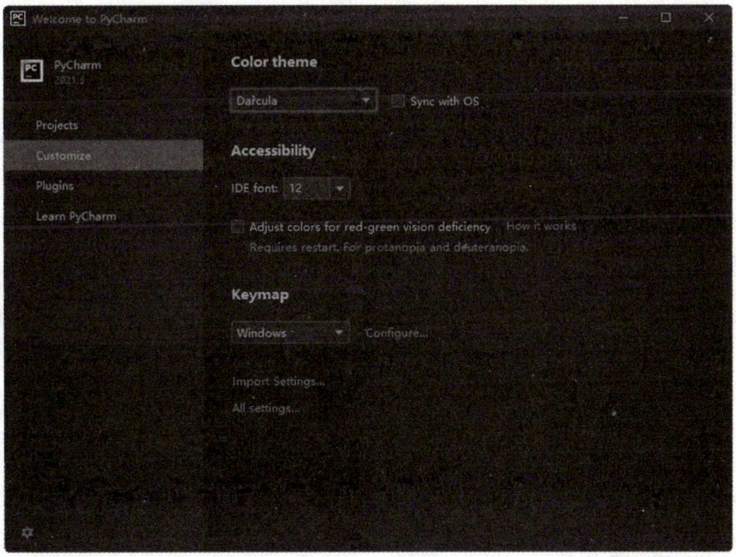

图 1-21　“Customize”选项卡

① IntelliJ Light：白色主题。

② Windows 10 Light：白色高亮主题。

③ Darcula：黑色主题，默认选择该项。

④ High Contrast：黑色高对比度主题。

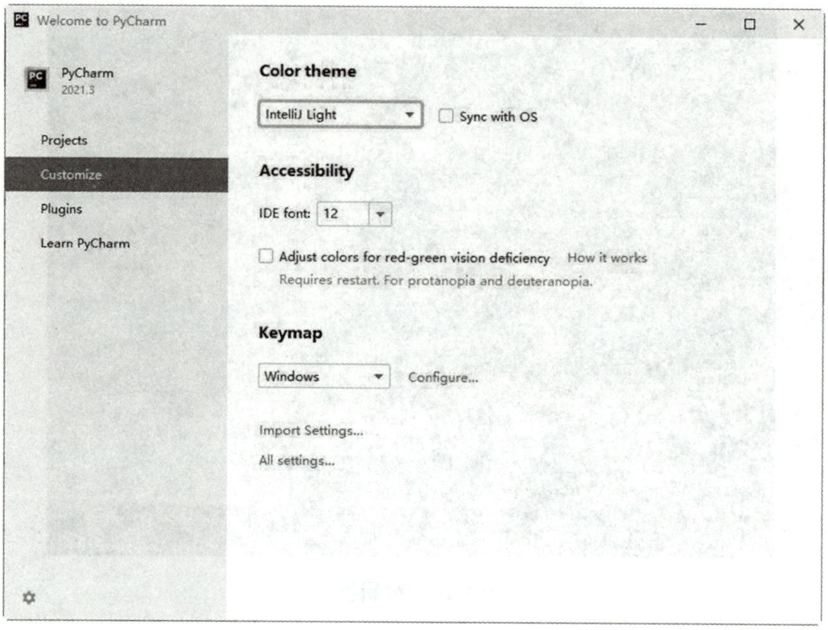

图 1-22　IntelliJ Light 主题

(5)在"Accessibility"(辅助功能)选项组中，"IDE font"(开发环境字体)默认为 12，在其下拉列表中选择"14"选项，增大界面大小与字体字号。

1.1.4　Python 语法规范

编程人员需要养成良好的编码习惯，下面从行宽、空行、空格、换行、缩进等几个方面介绍 Python 语言的基本书写规范。

1. 行宽

每行代码尽量不超过 80 个字符，但不是严格要求在 80 个字符以内，可略微超过。如果代码过长，则说明代码设计不太合理。除此之外，也便于在控制台查看代码，同时在查看 side-by-side 的 diff 命令时有帮助。

2. 空行

空行与代码缩进不同，空行并不是 Python 语法的一部分。书写时不插入空行，Python 解释器运行也不会出错。空行的作用在于分隔两段不同功能或含义的代码，便于日后代码的维护或重构。

空行也是程序代码的一部分。函数之间或类的方法之间用空行分隔，表示一段新的代码的开始。类和函数入口之间也用一行空行分隔，以突出函数入口的开始。

(1)模块级函数和定义类之间空两行。

(2)类成员函数之间空一行。

(3)函数中可以使用空行分隔出逻辑相关的代码。

示例如下。

```
class A:

    def __init__(self):
        pass

    def hello(self):
        pass

def main():
    pass
```

3. 空格

(1) 在二元运算符[=、-、+=、==、>、in、is not、and] 两边各空一格。示例如下。

```
# 规范
i = i + 1
x = x *  2-1
# 不规范
i =i+1
x = x* 2-1
```

(2) 在函数的参数列表中,、#、; 之后要有空格。示例如下。

```
# 规范
def complex(real, imag):
    pass
# 不规范
def complex(real,imag):
    pass
```

(3) 在函数的参数列表中，默认值等号两边不要有空格。示例如下。

```
# 规范
def complex(real, imag =0. 0):
    pass
# 不规范
def complex(real, imag  = 0. 0):
    pass
```

(4) 左括号之后、右括号之前不要有多余的空格。示例如下。

```
# 规范
spam(ham[1], {eggs: 2})
# 不规范
spam( ham[1], { eggs: 2 } )
```

(5)字典对象的左括号之前不要有多余的空格。示例如下。

```
# 规范
dict['key'] = list[index]
# 不规范
dict ['key'] = list [index]
```

(6)不要为了对齐赋值语句使用额外的空格。示例如下。

```
# 规范
x = 1
y = 2
long_variable = 3
# 不规范
x             = 1
y             = 2
long_variable = 3
```

4. 换行

Python 支持括号内的换行，这时有以下 5 种情况。

(1)第二行缩进到括号的起始处。

```
foo = long_function_name(var_one, var_two,
                         var_three, var_four)
```

(2)第二行缩进 4 个空格，适用于在起始括号就换行的情况。

```
def long_function_name(
        var_one, var_two, var_three,
        var_four):
        pass
```

(3)使用反斜杠\ 换行。二元运算符+ 、. 等应出现在行末；长字符串也可以用此方法换行。

```
session. query(MyTable). \
        filter_by(id =1). \
        one()

print 'Hello, '\
        '%s %s! ' % \
('Harry', 'Potter')
```

(4)禁止复合语句，即禁止一行中包含多个语句。

```
# 规范
do_first()
do_second()
do_third()
```

```
#不规范
do_first();do_second();do_third();
```

（5）if/for/while 语句要换行。如 if 语句。

```
# 规范
if foo == 'blah':
    do_blah_thing()

# 不规范
if foo == 'blah': do_blash_thing()
```

5. 缩进

缩进的空格数量是可变的，但是所有代码块语句必须包含相同的缩进空格数量，这个必须严格执行。一般统一使用 4 个空格进行缩进。通常按一次【Tab】键完成缩进，但按一次【Tab】键不一定是 4 个空格，所以有时候因此出错。

```
if True:
    print("True")
else:
    print("False")
```

若使用的缩进方式不一致，例如，有的使用【Tab】键缩进，有的使用空格键缩进，缩进不一致，则可能导致出现异常。

任务评价

评价内容	评价标准	分值/分	读者自评	教师评估
安装 Python	成功安装 Python	30		
安装 PyCharm	成功安装 PyCharm	30		
Python 语法规范	熟知 Python 语法规范	40		
总分		100		

任务 2　Python 命令的组成

任务描述

小白已经完成 Python 及其编辑器的安装，需要进入该软件进行编程。要想使用 Python 软件进行编程，必须先了解编程语言的命令与规则。那么，Python 程序中的基本命令有哪些？各有什么作用呢？

任务分析

本任务包含 4 个小节，旨在引导读者逐步了解 Python 命令的构成。首先介绍基本符号；其次讲解常量与变量的概念及用法；再次深入探讨 Python 中的数据类型，最后介绍功能符号。

任务重点与实施

计算机编程语言和人们日常使用的自然语言有所不同，自然语言在不同的语境下有不同的理解，而计算机要根据编程语言执行任务，就必须保证编程语言写出的程序不存在歧义。所以，任何一种编程语言都有自己的一套语法。

1.2.1 基本符号

Python 语言是基于最为流行的 C++语言开发的，因此其语法特征与 C++语言极为相似，而且更加简单，更加符合科技人员对数学表达式的书写格式，使之更利于非计算机专业的科技人员使用。另外，Python 语言可移植性好、可拓展性极强。

在 Python 语言中，不同的数字、字符、符号代表不同的含义，它们组成各种表达式，能满足用户的各种应用。本节将按照命令不同的生成方法简要介绍各种符号的功能。

1. 命令提示符

指令行首的“>>>”是指令输入提示符，它是自动生成的，如图 1-23 所示。在脚本文件中运行的指令前是没有提示符的，如图 1-24 所示。为使行文简洁，本书在此后的输入指令前将不再带提示符“>>>”。

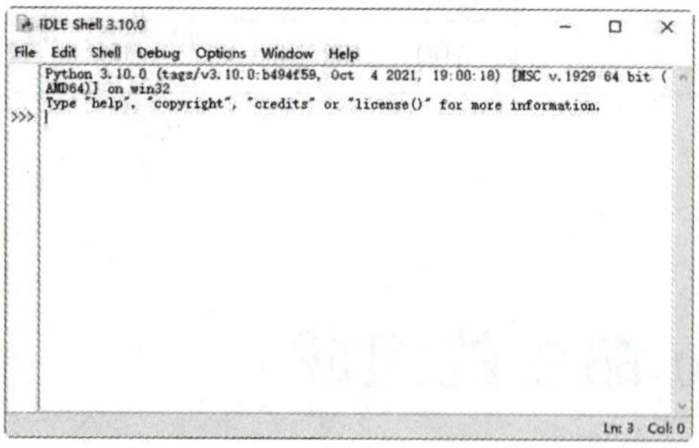

图 1-23 命令行窗口

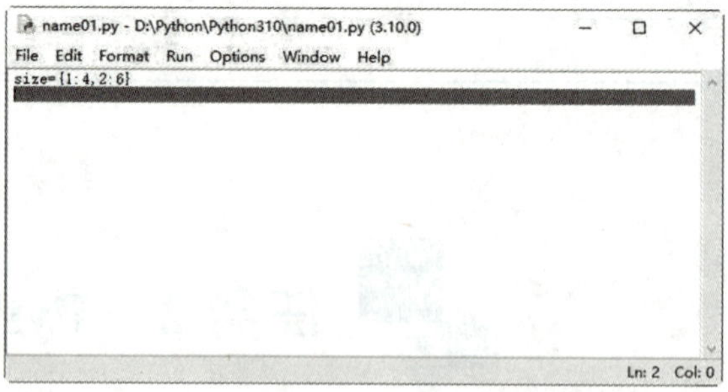

图 1-24 脚本文件

“>>>”也可以表示运算提示符，表示 Python 处于准备就绪状态。例如，在提示符后输入一条命令或一段程序后按【Enter】键，Python 会给出相应的结果，然后再次显示一个运算提示符，为下一段程序的输入做准备。

在 Python 命令窗口中输入汉字时，会出现一个输入窗口，在中文状态下输入的括号和标点等不被认为是命令的一部分，所以，在输入命令时一定要在英文状态下进行。

下面介绍几种命令输入过程中的常见错误及显示的警告与错误信息。

(1)输入的括号为中文格式。

```
>>> sin()
SyntaxError: invalid character '（' (U+FF08)
```

(2)函数使用格式错误。

```
>>> floor(]
SyntaxError: closing parenthesis ']' does not match opening parenthesis '('
```

(3)缺少步骤，未定义变量。

```
>>> print(s)
Traceback(most recent call last):
  File"<pyshell#11>", line 1, in <module>
    print(s)
NameError: name 's' is not defined
```

(4)正确格式。

```
>>> a = 1
>>> b = 2
>>> print(a+b)
3
```

换行与缩进是为了提高代码的可读性而做的一些美化性质的工作。久而久之，在 Python 语言中，换行与缩进成了 Python 语法规则的一部分。

2. 常用指令

在使用 Python 语言编制程序时，掌握常用的操作命令或技巧可以起到事半功倍的效果。Python 语言中常用的操作命令如表 1-1 所示。键盘操作技巧如表 1-2 所示。

表 1-1　Python 语言中常用的操作命令

命令	功能	命令	功能
dir	显示当前目录下的文件	exit	退出命令
print	显示变量或文字内容	type	显示数据类型

表 1-2　键盘操作技巧

键盘按键	说明	键盘按键	说明
↑	重调上一行	Home	移动到行首

(续表)

键盘按键	说明	键盘按键	说明
↓	重调下一行	End	移动到行尾
←	向前移一个字符	Alt+N	前进至下一次编辑的代码
→	向后移一个字符	Del	删除光标处的字符
Ctrl+←	左移一个字	Backspace	删除光标前的字符
Ctrl+→	右移一个字	Alt+Backspace	删除到行尾
Tab	自动补全	Alt+P	回退到上一次编辑的 Python 代码

在 Python 语言中，有一些标点符号被赋予了特殊的意义，如表 1-3 所示。

表 1-3　标点符号

标点	定义	标点	定义
.	小数点：小数点及域访问符	'	单引号：字符串标记符
=	等号：赋值标记	\	续行符号
,	逗号：区分列及函数参数分隔符等	#	井号：注释标记
( )	圆括号：指定运算过程中的优先顺序	{ }	大括号：用于构成字典
[ ]	方括号：列表定义的标志		

3. 功能语句

在 Python 语言中，还有一些能实现指定功能的语句。

例如，在程序开头设置程序编码为 utf-8。

```
#-- coding = utf-8 --
```

1.2.2　常量与变量

常量与变量都用于存储数据，在定义时都需要指明数据类型，它们唯一的区别是：常量中存放的值不允许更改，而变量中所存放的值是允许更改的。

常量可以被看作一种特殊的变量，只不过这种变量在定义时必须被赋值，且之后不能被重新赋值或更改。

以常量作为研究对象的数学被称为常量数学或初等数学，它主要包括算术、初等代数、几何等学科。常量数学主要是在形式逻辑的范围内活动的，它虽然适应了一定生产力发展的需要，但又有一定的局限性。变量的引进以及它成为数学的研究对象，加速了变量数学的主要部分(即微积分)的产生。

1. 常量

常量是程序运行中值不改变的量。例如，身份证号、出生年月等数值固定不变的量为常量。Python 语言并没有提供定义常量的保留字，不过在 PEP8 中定义了常量的命名规范：常量由大写字母和下画线组成。目前采用全为大写字母的变量名来标识常量。

例如，常用的数学常数圆周率就是一个常量。

```
>>> PI = 3.14159265359
>>> PI
3.14159265359
```

实际上这种方式并不能起到防止修改的功能，而只是从语义和可读性上做了区分。在实际项目中，常量首次被赋值后，还是可以被其他代码修改的。

事实上，给 PI 赋值为 3，不会弹出任何错误。所以，用全部大写的变量名表示常量只是一个习惯上的用法。

```
>>> PI = 3
>>> PI
3
```

2. 变量

变量是任何程序设计语言的基本元素之一，Python 语言也不例外。与常规的程序设计语言不同的是，Python 语言并不要求事先对所使用的变量进行声明，也不需要指定变量类型，Python 语言会自动依据所赋予变量的值或对变量所进行的操作来识别变量的类型。在赋值过程中，如果赋值变量已存在，则 Python 语言将使用新值代替旧值，并以新值类型代替旧值类型。

在 Python 语言中，变量的命名应遵循以下规则。

(1) 变量名必须以字母开头，之后可以是任意的字母、数字或下画线。

(2) 变量名区分字母的大小写。

(3) 应选择有意义的单词作为变量名。

(4) 不能将 Python 关键字和内置函数名用作变量名，如 if、else。

(5) 不能把变量赋值给变量，只能把常量赋值给变量。例如，a=b 是错误表达。

变量的命名规则建议尽量使用能描述变量作用的英文单词，并遵循驼峰命名法(Camel-Case)。

驼峰命名法是程序代码编写时的一套命名规则(惯例)，是指混合使用大小写字母来构成变量和函数的名字。当变量名或函数名是由一个或多个单词连接在一起构成的唯一标识符时，第一个单词以小写字母开始，从第二个单词开始每个单词的首字母采用大写，如 myFirstPage、allStudentName，这样的变量名看上去像驼峰一样，因此而得名。

提示

驼峰命名法的命名规则可视为一种惯例，并无绝对与强制，目的是提高程序的识别和可读性。

每个变量在使用前都必须被赋值，变量赋值以后才会被创建。

示例如下。

```
# 如果没有赋值而直接使用,会显示变量未定义的异常。
>>> sell
Traceback(most recent call last):
  File" <pyshell#9 >", line 1, in <module>
    sell
NameError: name 'sell' is not defined
# 新的变量通过赋值的动作,创建并开辟内存空间,保存值,但不会显示结果。
# Python 的变量无须提前声明,赋值的同时也就声明了变量。
>>> sell = 10000      # 定义商品销量
>>> age
10000
```

3. 变量的输入/输出函数

(1) input 函数

input 函数用来提示用户从键盘输入数据、字符串或表达式，并接收输入值。其调用格式如下。

```
input([ prompt])
```

以上格式的功能是以文本字符串 prompt 为信息给出用户提示，将用户输入的内容赋值给变量，返回字符串类型。

PyCharm 程序如下。

```
>>> n = input('Enter a number:')                    # 提示用户从键盘输入数字
Enter a number:  4                                  # 用户输入 4
```

(2) print 函数

print 函数用于输出。其调用格式如下。

```
print(* objects, sep = ' ', end = '\n', file = sys. stdout, flush = False)
```

参数选项介绍如下。

(1) objects：复数，表示可以一次输出多个对象。输出多个对象时，需要用“,”分隔。

(2) sep：用来间隔多个对象，默认值是一个空格。

(3) end：用来设定以什么结尾。默认值是换行符 \ n，操作时可以换成其他字符串。

(4) file：要写入的文件对象。

(5) flush：输出是否被缓存通常决定于 file，但如果 flush 关键字参数为 True，则会被强制刷新。

案例1　print 函数演示

扫码看视频

PyCharm 程序如下。

```
#! /usr/bin/env python3
print('pythonProject')                              # 输入变量
r1 = 'Marry Christmas'                              # 输入变量 r1
print(r1)                                           # 输出定义的变量
print('good good study''day day up')                # 输出无间隔多个变量
print('good good study', 'day day up')              # 输出逗号间隔的多个变量
print('good good study', '\n', 'day day up')        # 输出添加换行符的变量
print('good good study', 'day day up', sep='. ')    # 输出添加间隔符的变量
```

运行结果如下。

```
pythonProject
Marry Christmas
good good studyday day up
good good study day day up
good good study
 day day up
good good study. day day up
```

输入、输出变量时，可以自定义格式，Python 语言中的占位符字符及其说明如表 1-4 所示。

表 1-4　占位符字符及其说明

占位符字符	说明
%s	字符串，%20s 表示格式化成 20 位长度，不足 20 位时前面用空格补齐；如果原始数据长度大于 20，则输出不受影响
%d	有符号十进制整数，%06d 表示输出的整数显示位数，不足的地方使用 0 从高位补全；%6d 表示输出的整数显示位数，不足的地方使用空格从高位补全
%f	浮点数，%.02f 表示小数点后只显示两位
%%	输出百分号%

案例2　设置变量格式

扫码看视频

PyCharm 程序如下。

```
#! /usr/bin/env python3                             #定义头文件
s1 = 'Python'                                       # 定义变量
s2 = '爬虫'
print(s1, s2)                                       # 输出变量
print('%s%20s' % (s1, s2))                          # 输出指定间隔的变量
```

运行结果如下。

```
Python  爬虫
Python 爬虫
```

4. 数据迭代输出

迭代是 Python 比较强大的功能之一，是访问集合元素的一种方式，从集合的第一个元素开始访问，直到所有的元素被访问结束。数据迭代函数及其调用格式如表 1-5 所示。

表 1-5　数据迭代函数及其调用格式

调用格式	说明
iter(object)	创建 object 指定的迭代器对象。object 可以是字符串、列表或元组对象
next()	输出迭代器的下一个元素

案例3　输出迭代元素

PyCharm 程序如下。

```
#! /usr/bin/env python3
# -*- coding: UTF-8 -*-
list = 'Python 爬虫'                                    # 定义字符串
print('迭代前:', list, sep='\n')
print('迭代后:')
it = iter(list)                                         # 创建迭代器对象
#输出迭代器的所有元素
for x in it:
    print(x)
```

运行结果如下。

```
迭代前:
Python 爬虫
迭代后:
P
y
t
h
o
n

爬
虫
```

1.2.3　数据类型

按照数据的结构进行分类，Python 语言中的数据主要包括：number（数值）、string（字符串）、list（列表）、range（区间）、tuple（元组）、set（集合）、dictionary（字典）。

Python 语言中常见的数据结构统称为容器（container）。序列（如列表和元组）、映射（如字典）及集合（set）是 3 类主要的容器。选择合适的数据结构存储和使用，对网络爬虫的效率和性能提升很大。

1. 数值

数值指单个的由阿拉伯数字及一些特殊字符组成的数值，而不是由一组组的数值组成的对象。

2. 字符串

字符串主要由 26 个英文字母及空格等一些特殊符号组成，可以使用单引号、双引号和三引号（三个单引号或三个双引号）创建。

（1）用一对单引号引起来的单个字符或多个字符，如 'Marry，Hi'。

（2）用一对双引号引起来的单个或多个字符序列，如"Who are you"。

（3）用一对三引号引起来的单个或多个字符序列，可以作为多行注释使用。

示例如下。

```
'''how are you?
        Rose '''
```

提示

单引号与双引号的作用其实是一样的，但是当引号里包含单引号时，则该引号需使用双引号，如"what's your name ？ "。

Python 的字符串列表有两种取值顺序。

① 从左到右，索引默认是从 0 开始的，最大到字符串长度减 1。

② 从右到左，索引默认是从-1 开始的，最大到字符串开头。

示例如下。

```
>>> name = 'xiao bai'          #创建字符变量
>>> name                       #显示字符变量
'xiao bai '
>>> name[3]                    #显示变量从左到右索引为3的元素,即第四个元素
'o'
>>> name[-3]                   #显示变量从右到左索引为-3的元素,即从右到左第三个元素
'b'
```

3. 列表

Python 列表是任意对象的有序集合，列表通常由中括号[ ]创建，元素之间用逗号隔开。这里的任意对象，既可以是列表嵌套列表，也可以是字符串。示例如下。

```
>>> student = ['name', ['Wang','Li'], 'Age', [20,23]]
>>> student
```

运行结果如下。

```
['name', ['Wang', 'Li'], 'Age', [20, 23]]
```

每个 list 变量中的元素从 0 开始计数，以下代码可以选取 list 中的元素。

```
>>> student[1]
['Wang', 'Li']
>>> student[0]
'name'
```

还可以从 list 变量中输出指定元素，具体方法如下。

list[i：j]：输出列表的索引 i 到 j 之间的元素；列表的索引是从 0 开始的。

list[i：j：2]：这里加入了步长，步长为 2，也就是从索引 i 开始每间隔 2 输出一个元素。

remove 函数用于列表删除操作，只需要在变量名字后面加个句号就可以轻松调用。

案例1 创建列表并输出奇数位和偶数位

扫码看视频

PyCharm 程序如下。

```
#! /usr/bin/env python3
# -* - coding: UTF-8 -* -
A = [1, 2, 3, 4, 5, 6, 7, 8, 9, 10]                          # 创建列表变量 A
print('列表数据 A:', A, '数据类型: ', type(A), sep="\n")
print('奇数位:', A[::2])                                     # 输出奇数位
print('偶数位:', A[1::2])                                    # 输出偶数位
```

运行结果如下。

```
列表数据 A:
[1, 2, 3, 4, 5, 6, 7, 8, 9, 10]
数据类型:
<class 'list'>
奇数位: [1, 3, 5, 7, 9]
偶数位: [2, 4, 6, 8, 10]
```

提示

Python 语言有自动补全功能，在弹出的列表中选中目标方法或函数，按【Tab】键即可快速输入，如图 1-25 所示。

4. 区间

range 类似于一个整数列表，是一个可迭代对象（类型是对象），range 也是一种数据结构，range 函数调用格式如下。

```
range(start, stop[, step])
```

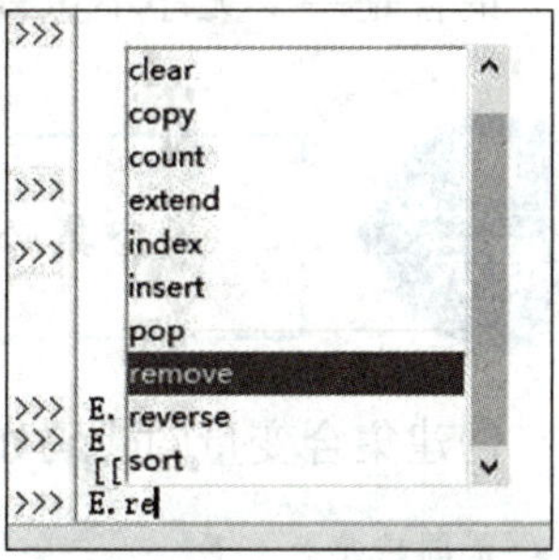

图 1-25 Python 的自动补全功能

参数说明如下。

（1）start：从 start 开始计数。默认是从 0 开始的。例如，range(5) 等价于 range(0, 5)。

（2）stop：到 stop 结束计数，但不包括 stop。例如，range(0, 5) 包括[0～4]，不包括 5。

（3）step：步长，默认为 1。例如，range(0, 5) 等价于 range(0, 5, 1)。

示例如下。

```
>>> range(10)                          # 从 0 开始到 10
[0, 1, 2, 3, 4, 5, 6, 7, 8, 9]
>>> range(1, 11)                       # 从 1 开始到 11
[1, 2, 3, 4, 5, 6, 7, 8, 9, 10]
>>> range(0, 30, 5)                    # 步长为 5
[0, 5, 10, 15, 20, 25]
>>> range(0, 10, 3)                    # 步长为 3
[0, 3, 6, 9]
>>> range(0, -10, -1)                  # 步长为负数
[0,-1, -2, -3, -4, -5, -6, -7, -8, -9]
>>> range(0)
[]
>>> range(1, 0)
[]
```

5. 元组

元组与列表类似，不同之处在于元组的元素不能修改。元组变量通过小括号( )创建，元素之间则用逗号隔开。

创建元组变量的代码如下。

```
# 创建元组变量
>>> Information = ('school', ('No 1', 'No 2', 'No 3', 'No 4'), 'grade', (1, 2, 3, 4))
>>> type(Information)                  # 显示变量的类型
```

运行结果如下。

```
<class 'tuple'>
```

显示创建的变量类型为元组“tuple”。

6. 集合

集合是一个无序不重复元素的序列，可以使用大括号{}或set()函数创建集合。

> **提示** 空集必须使用set()函数创建，而不能使用大括号{}。

创建集合变量的代码如下。

```
# 创建集合变量
>>> Number = {'No 1', 'No 2', 'No 3', 'No 4'}
>>> type(Number)                                    # 显示变量的类型
```

运行结果如下。

```
<class 'set'>
```

显示创建的变量类型为集合“set”。

7. 字典

字典是一种可变容器模型，且可存储任意类型对象，通常由“{}”创建。字典(dictionary)是除列表以外Python语言中最灵活的内置数据结构类型。

字典是一个无序的键(key)值(value)对的集合，格式如下。

```
dic = {key1: value1, key2:value2}
```

创建字典的代码如下。

```
>>> information = {'name':'li', 'age':'24'}
>>> print(information)
```

运行结果如下。

```
{'name': 'li', 'age': '24'}
```

name是一个key，li是一个value。

> **提示** 列表是有序的对象集合，字典是无序的对象集合。两者之间的区别在于：字典当中的元素是通过键来存取的，而不是通过偏移存取的。

8. 数据类型转换

在Python语言中数据的存储与计算都是以双精度进行的，但有多种显示形式。在默认情况下，若数据为整数，就以整数表示；若数据为实数，则以保留小数点后4位的精度近似表示。

数据类型的转换，只需要将数据类型作为函数名即可。以下几个内置的函数可以执行数据类型之间的转换，如表 1-6 所示。

表 1-6　数据类型的转换

调用格式	说明
int(x [, base])	将 *x* 转换为一个整型
float(x)	将 *x* 转换为一个浮点数
bin(x)	返回一个整型 int 的二进制表示数
bool(x)	用于将给定参数转换为布尔类型，如果参数不为空或不为 0，则返回 True；如果参数为空或为 0，则返回 False
str(x)	将对象 *x* 转换为字符串
repr(x)	将对象 *x* 转换为表达式字符串
eval(str)	用来计算在字符串中的有效 Python 表达式，并返回一个对象
tuple(s)	将序列 *s* 转换为一个元组
list(s)	将序列 *s* 转换为一个列表
set(s)	将序列 *s* 转换为可变集合
dict(d)	创建一个字典。d 必须是一个序列(key, value)元组
frozenset(s)	将序列 *s* 转换为不可变集合
chr(x)	将一个整数转换为一个字符
unichr(x)	将一个整数转换为 Unicode 字符
ord(x)	将一个字符转换为它的整数值
hex(x)	将一个整数转换为一个十六进制字符串
oct(x)	将一个整数转换为一个八进制字符串

案例2　元组创建演示

扫码看视频

PyCharm 程序如下。

```
#! /usr/bin/env python3
# -* - coding: UTF-8 -* -
# 将字符串转换成元组
tup1 = tuple("Python")
print('字符串转换为元组:', tup1)
# 将列表转换成元组
list1 = ['Python', 'Java', 'C++', 'JavaScript']
tup2 = tuple(list1)
print('列表转换为元组:', tup2)
# 将字典转换成元组
dict1 = {'a': 100, 'b': 42, 'c': 9}
```

```
tup3 = tuple(dict1)
print('字典转换为元组：', tup3)
# 将区间转换成元组
range1 = range(1, 10)
tup4 = tuple(range1)
print('区间转换为元组：', tup4)
# 创建空元组
print('空元组：', tuple())
```

运行结果如下。

```
字符串转换为元组：('P', 'y', 't', 'h', 'o', 'n')
列表转换为元组：('Python', 'Java', 'C++', 'JavaScript')
字典转换为元组：('a', 'b', 'c')
区间转换为元组：(1, 2, 3, 4, 5, 6, 7, 8, 9)
空元组：()
```

1.2.4 功能符号

除命令输入必需的符号外，Python 语言还有注释符号、续行符号、赋值符号等。

1. 注释符号

注释(Comments)起给予用户提示或解释某些代码的作用，可以出现在代码中的任何位置。Python 解释器在执行代码时会忽略注释，不做任何处理，就好像它不存在一样。在调试程序的过程中，注释还可以用来临时移除无用的代码。注释的最大作用是提高程序的可读性。

Python 语言支持两种类型的注释，分别是单行注释和多行注释。

(1)单行注释

在 Python 语言中使用井号#作为单行注释的符号，语法格式如下。

```
#注释内容
```

从#开始，直到这行结束为止的所有内容都是注释。Python 解释器遇到#时，会忽略它后面的整行内容。说明多行代码的功能时一般将注释放在代码的上一行，说明单行代码的功能时一般将注释放在代码的右侧，示例如下。

```
>>># 第一个注释
>>>print('#是注释符号')                         # 第二个注释
```

运行结果如下。

```
#是注释符号
```

(2)多行注释

多行注释用于一次性注释程序中的多行内容(包含一行)，多行注释通常用来为

Python 文件、模块、类或函数等添加版权或功能描述信息。

在 Python 语言中使用 3 个连续的单引号'''或 3 个连续的双引号"""注释多行内容，具体格式如下。

```
'''
```

或者

```
"""
```

使用 3 个单引号分别作为注释的开头和结尾，可以一次性注释多行内容，引号内的内容全部是注释内容。示例如下。

```
"""
第一行注释
第二行注释

"""
```

在 Python 语言中，多行注释不支持嵌套，所以下面的写法是错误的。

```
'''
外层注释
    '''
    内层注释
    '''
'''
```

不管是多行注释还是单行注释，当注释符作为字符串的一部分出现时，就不能再将它们视为注释标记，而应该看作正常代码的一部分，示例如下。

```
>>>print('''三个连续的单引号注释多行内容''')
>>>print("""三个连续的双引号注释多行内容""")
```

运行结果如下。

```
三个连续的单引号注释多行内容
三个连续的双引号注释多行内容
```

提示

给代码添加说明是注释的基本作用，除此以外它还有另外一个实用的功能，就是用来调试程序。如果觉得某段代码可能有问题，可以先把这段代码注释起来，让 Python 解释器忽略这段代码，再运行。如果程序可以正常执行，则说明错误就是由这段代码引起的；反之，如果依然出现相同的错误，则说明错误不是由这段代码引起的。在调试程序的过程中使用注释，可以缩小错误所在的范围，提高调试程序的效率。

2. 续行符号

在 Python 语句中一般以新行作为语句的结束符。当由于命令太长，或出于某种需要，输入指令必须多行书写时，需要使用特殊符号反斜杠(\ )来处理，如图 1-26 所示。

```
named_x=1-1/2+1/3-1/4+\
1/5-1/6+1/7-1/8
```

图 1-26　多行输入

例如，输入下面的程序。

```
>>>named_x = 1-1/2 +1/3-1/4 + \
1/5-1/6 +1/7-1/8
>>>print(named_x)
```

运行结果如下。

```
0. 6345238095238095
```

3. 赋值符号

在 Python 语言中用 = 给变量赋值，示例如下。

```
>>> named_price = 100
```

上面的程序表示，named_price 变量的值是 100。

4. 比较符号

操作时可能犯的错误是将赋值符号错认为两个等号= =，= =是比较符号，它用于比较两个值是否相等，如果相等，则返回 True；如果不相等，则返回 False。

```
>>> named_price = 100
>>> named_price = = 100
True
>>> named_price = = 101
False
```

5. 占位符

无论是变量还是常量，在创建时都会在内存中开辟一块空间，用于保存它的值。占位符中的“_”符号，用于调用内存中最近保存的值。

```
>>>PI = 3. 1415926
>>> _
3. 1415926
```

任务评价

评价内容	评价标准	分值/分	读者自评	教师评估
基本符号	熟悉基本符号	25		

（续表）

评价内容	评价标准	分值/分	读者自评	教师评估
常量与变量	熟悉常量与变量	25		
数据类型	熟悉数据类型	25		
功能符号	熟悉功能符号	25		
总分		100		

任务 3　程序结构

任务描述

小白第一次参加学习小组开会，大家互相传阅检查对方编写的程序，结果发现了很多繁冗实例。为了解决这种问题，Python 语言引入了程序结构这个概念。那么，Python 语言的程序结构有哪些？分别能实现什么功能呢？

任务分析

本任务包含 6 个小节，旨在引导读者深入理解 Python 语言中的程序结构。从表达式语句到程序的流程控制，帮助读者掌握如何编写和组织代码。

任务重点与实施

程序结构就是程序的流程控制结构。对于一般的程序设计语言来说，程序结构大致可分为如图 1-27 所示的顺序结构、选择结构和循环结构 3 种，Python 语言也不例外。

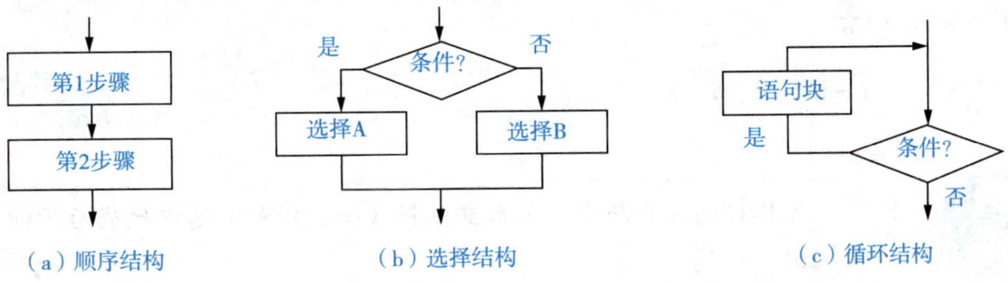

图 1-27　3 种基本结构流程图

1.3.1 表达式语句

在 Python 程序中，广泛使用表达式与表达式语句。用户还可以通过交互式指令协调 Python 程序的执行，通过使用不同的交互式指令不同程度地响应程序运行过程中出现的各种提示。

1. 表达式

对于 Python 语言中的数值运算，数值表达式是把常量、数值变量、数值函数或数值矩阵用运算符连接而成的数学关系式。而在 Python 语言的符号运算中，符号表达式是把符号常量、符号变量、符号函数用运算符或专用函数连接而成的符号对象。符号表达式有两类：符号函数与符号方程。在 Python 程序中，既经常使用数值表达式，也大量使用符号表达式。

在 Python 语言中，eval( ) 函数用于计算在字符串中的有效 Python 表达式，并返回一个对象，其调用格式如下。

```
eval(expression[, globals[, locals]])
```

expression 为表达式；globals 为变量作用域，全局命名空间，如果被提供，则必须是一个字典对象；locals 为变量作用域，局部命名空间，如果被提供，则可以是任何映射对象。

案例 计算表达式的值

扫码看视频

PyCharm 程序如下。

```
#! /usr/bin/env python3
# -*- coding: UTF-8 -*-
x, a, b = 4, 6, 8                                # 为多个变量赋值
f = 'a * x ** 2 + b* x / (a - x)'                # 定义字符表达式
y = eval(f)                                      # 计算表达式
# 输出变量与变量类型
print(f, '=', y)
```

运行结果如下。

```
a * x ** 2 + b * x / (a - x) = 112.0
```

提示

在 PyCharm 程序中，如果要注释代码，则可以选中代码后按组合键【Ctrl+“/”】。

2. 表达式语句

单个表达式就是表达式语句。一行可以只有一个语句，也可以有多个语句。此时语句之间以英文输入状态下的分号或逗号或回车换行结束。在 Python 语言中，一个语句可以占多行，由多行构成一个语句时需要使用续行符号“\”；以分号结束的语句执行后不显示运行结果，以逗号或回车换行结束的语句执行后显示运行结果(即表达式的值)。表达式语句运行后，表达式的值暂时保留在固定变量中。变量只保留最近一次的结果。

3. 逻辑表达式

逻辑表达式的一般格式如下。

```
表达式　逻辑运算符　表达式
```

表达式可以是逻辑表达式，从而形成嵌套。

例如，(a & b) & c，根据逻辑运算符的左结合性，表达式也可写为 a & b & c。

4. 赋值语句

赋值语句将表达式的值赋给变量构成赋值表达式。

5. 人机交互语句

input 命令用于提示用户从键盘输入数据、字符串或表达式，并接收输入值。

1.3.2　顺序结构

顺序结构是最简单最易学的一种程序结构，它由多个 Python 语句按顺序构成，各语句之间用分号“;”隔开，若不加分号，则必须分行编写，程序执行时也是按由上至下的顺序进行的。

案例　定义客户信息

扫码看视频

本案例分别定义字符串类型、整型、浮点型和布尔型变量并初始化客户信息，最后输出客户信息。

PyCharm 程序如下。

```
#! /usr/bin/env python3
# -* - coding: UTF-8 -* -
# 定义不同类型的变量
name = "Candy";
age = 35;
scores = 3260;
isVIP = 'true'
print("姓名:", name)
print("年龄:", age)
print("积分:", scores)
print("是否会员:", isVIP)
```

运行结果如下。

```
姓名：Candy
年龄:35
积分：3260
是否会员：true
```

1.3.3 选择结构

选择结构也被称为分支结构，即根据表达式的值来选择执行哪些语句。在编写较复杂的算法时一般会用到此结构。其中较常用的是 if-else 结构。

在 Python 语言中，分支结构分为单分支结构、二分支结构、多分支结构 3 种形式。

(1)单分支结构：满足判断条件，就进行相应的处理。单分支结构的执行过程如图 1-28 所示。其一般格式如下。

```
if 表达式:
语句组
```

提示

若表达式的值为非零，则执行 if 内的语句组，否则直接执行后面的语句。每个条件后面要使用冒号(:)，表示接下来是满足条件后要执行的语句组。使用缩进来划分语句组，具有相同缩进数的语句在一起组成一个语句组。在 Python 语言中要注意缩进，条件语句根据缩进来判断执行语句的归属。

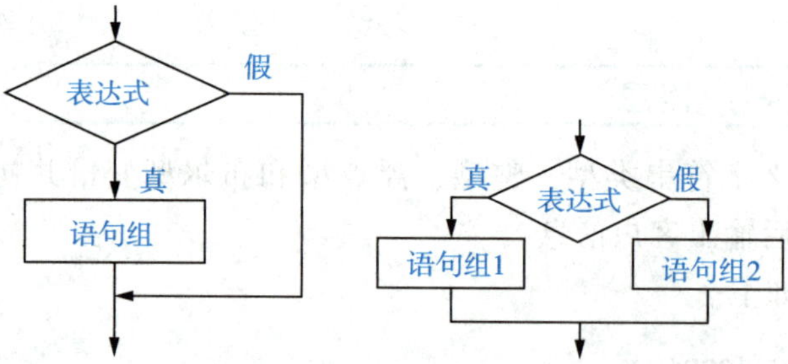

图 1-28　单分支结构的执行过程　　图 1-29　二分支结构的执行过程

(2)二分支结构：根据判断条件的结果，选择不同向前路径的运行方式。二分支结构的执行过程如图 1-29 所示。其一般格式如下。

```
if  表达式:
语句组 1
else:
语句组 2
```

案例1　输入一个非空字符串，翻转该字符串

扫码看视频

PyCharm 程序如下。

```
#! /usr/bin/env python3
# -* - coding: UTF-8 -* -
a = input("请输入字符串:")
if a == ''    :                                        # 如果输入字符串为空
    print("输入错误")

else:
    print(a[::-1])
```

运行结果如下。

```
请输入字符串:我爱我的祖国
国祖的我爱我
```

提示

若表达式的值为非零，则执行语句组1，否则执行语句组2。

(3)多分支结构：对不同分支分级处理的问题，需要注意条件间的包含关系。多分支结构的执行过程如图1-30所示。其一般格式如下。

```
if      表达式1:
            语句组1
elif    表达式2:
            语句组2
elif    表达式3:
            语句组3
        ......
else:
            语句组n
```

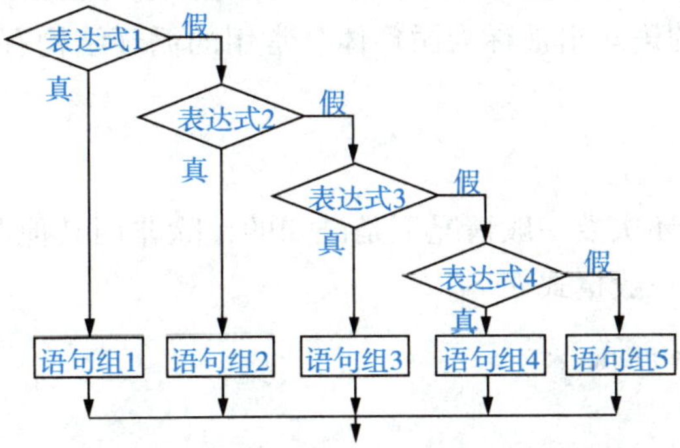

图1-30　多分支结构的执行过程

提示

程序执行时先判断表达式 1 的值，若非零则执行语句组 1，然后执行后面的语句，否则判断表达式 2 的值，若非零则执行语句组 2，然后执行后面的语句，否则继续上面的过程。如果所有的表达式都不成立，则执行 else 后的语句组 *n*。

案例2 输入年、月，输出本月有多少天

扫码看视频

PyCharm 程序如下。

```
#! /usr/bin/env python3
# -* - coding: UTF-8 -* -
year = int(input('年:'))
month = int(input('月:'))
if(month == 1 or month == 3 or month == 5 or month == 7 or month == 8 or month ==
10 or month == 12):
    print('本月有 31 天')
elif(month == 4 or month == 6 or month == 8 or month == 11):
    print('本月有 30 天')
elif month == 2 and(( year % 4 == 0 and year % 100 ! = 0) or (year % 400 == 0)):
    print('本月有 29 天')
else:
    print('本月有 28 天')
```

运行结果如下。

```
年:2015
月:6
本月有 30 天
```

1.3.4 循环结构

在使用 Python 语言进行数值实验或工程计算时，用得较多的是循环结构。在循环结构中，被重复执行的语句组被称为循环体。常用的循环结构有两种，分别为 for 循环与 while 循环。

1. for 循环

在 for 循环中，循环次数一般情况下是已知的，除非用其他语句提前终止循环。这种循环以 for 开头，其一般格式如下。

```
for <variable> in <sequence>:
    <statements>
else:
    <statements>
```

在每次循环中，迭代变量<variable>用于接收迭代对象<sequence>中元素的值，变量每取一次值，循环便执行一次，直到迭代对象的最后一项。迭代变量<variable>无特殊意义，一般使用 i 表示。循环次数<sequence>可以遍历任何可迭代对象，如一个列表或一个字符串。

（1）如果需要遍历数字序列，则可以使用 range( ) 函数生成数字数列，作为有限的循环次数。

（2）如果迭代对象是列表或字典，则直接用列表或字典，此时迭代变量 *i* 表示列表或字典中的元素。

案例1　利用 for 语句统计一个数的所有因子数

扫码看视频

因子数就是所有可以整除这个数的数，但是不包括这个数自身。

PyCharm 程序如下。

```
#! /usr/bin/env python3
# -* - coding: UTF-8 -* -
a = int(input("输入整数:"))
for i in range(1, a+1):
    if a % I = = 0 :
        print('因子:', i)
```

运行结果如下。

```
输入整数:50
因子:1
因子:2
因子:5
因子:10
因子:25
因子:50
```

2. while 循环

若不知道所需要的循环到底要执行多少次，那么就可以选择 while 循环。循环以 while 开头，其一般格式如下。

```
while 表达式:
    可执行语句 1
        ……
    可执行语句 n
```

表达式即循环控制语句，它一般是由逻辑运算或关系运算及一般运算组成的表达式。若表达式的值为非零，则执行一次循环，否则停止循环。这种循环方式在编写某一数值算法时用得非常多。一般来说，能用 for 循环实现的程序，也能用 while 循环实现。

案例2 利用 while 语句实现 1 ~ 100 的累加

扫码
看视频

PyCharm 程序如下。

```
#! /usr/bin/env python3
sum = 0

i = 0
while i <= 100:
    sum = i + sum
    i = i + 1
print('1 至 100 的和为:', sum)
```

运行结果如下。

```
1 至 100 的和为:5050
```

1.3.5 条件表达式

在程序设计时，经常会根据表达式的结果，有条件地进行赋值。可以使用循环结构的紧凑形式进行设计，这种方式适用于简单表达式，是程序结构的简化形式，其一般格式如下。

```
<表达式 1> if <条件> else <表达式 2>
<表达式 1> for <条件> else <表达式 2>
```

案例 输出列表数据

扫码
看视频

PyCharm 程序如下。

```
# 这个文件是用来演示如何使用 for 条件表达式的
#! /usr/bin/env python3
# -* - coding: UTF-8 -* -
a = input("输入数值:")
b = [x for x in a]
print("输出数值字符串", a, type(a))
print('输出字符', b, type(b))
```

运行结果如下。

```
输入数值:78963
输出数值字符串 78963 <class 'str'>
输出字符 ['7', '8', '9', '6', '3'] <class 'list'>
```

从上面的案例可知，使用 for 循环将输入的字符串 str 转换成了列表 list。

1.3.6 程序的流程控制

在使用 Python 语言编程解决实际问题时，可能会需要提前终止 for 与 while 等循环结构，有时可能需要显示必要的出错或警告信息、显示批处理文件的执行过程等，而这些特殊要求的实现就需要本节所讲的程序流程控制命令，如 break 命令、continue 命令等。

1. break 命令

break 命令一般用来终止 for 或 while 循环，通常与 if 条件语句在一起使用，如果条件满足，则利用 break 命令终止循环。在多层循环嵌套中，break 命令只终止最内层的循环。

扫码看视频

案例1 输入数值，若其中包含数值 0，则显示输入错误，并使用 break 语句跳出循环

PyCharm 程序如下。

```
# 此程序段用来演示 break 命令的作用
#! /usr/bin/env python3
# -* - coding: UTF-8 -* -
a = str(input("输入数值:"))
it = iter(a)                                    # 创建迭代器对象
# 输出迭代器的所有元素
for x in it:
    if x == '0':
        print('输入错误:', x)
        break
    else:
        print(x)
```

运行结果如下。

```
输入数值:265893006583056
2
6
5
8
9
3
输入错误:0
```

2. continue 命令

continue 命令通常用在 for 或 while 循环结构中，并与 if 语句一起使用，其作用是结束本次循环，即跳过其后的循环语句而直接进行下一次是否执行循环的判断。

案例2 输入数值，若其中包含数值0，则显示输入错误，并使用 continue 语句继续执行循环

扫码看视频

PyCharm 程序如下。

```
#! /usr/bin/env python3
# -*- coding: UTF-8 -*-
# 此程序段用来演示 continue 命令的作用

a = str(input("输入数值:"))
it = iter(a)                          # 创建迭代器对象
# 输出迭代器的所有元素
for x in it:
    if x == '0':
        print('输入错误:', x)
        continue
    else:
        print(x)
```

运行结果如下。

```
输入数值:265893006583056
2
6
5
8
9
3
输入错误:0
输入错误:0
6
5
8
3
输入错误:0
5
6
```

任务评价

评价内容	评价标准	分值	自评	教师评价
表达式语句	掌握表达式语句	20		
顺序结构	熟悉顺序结构	20		
选择结构	熟悉选择结构	20		

（续表）

评价内容	评价标准	分值	自评	教师评价
循环结构	熟悉循环结构	10		
条件表达式	熟悉条件表达式	20		
程序的流程控制	熟悉程序的流程控制	10		
总分		100		

项目小结

本项目主要介绍了命令结构和程序结构。首先介绍了 Python 的基本概念和应用；其次介绍了基本的编程命令和程序设计；最后介绍了图解和实例演示。通过本项目的学习，提高了读者的逻辑思维能力和编程技能，为进一步的学习和实践打下了坚实的基础。

项目实战

输出百度网址

利用加号拼接百度网址 https：//www. baidu. com/？ tn=15007＊＊＊_3_dg。

PyCharm 程序如下。

```
#! /usr/bin/env python3
# -* - coding: UTF-8 -* -
url1 = 'https://www. baidu. com/'                    #创建字符串变量,定义百度网址
url2 = '? tn =15007* * * _3_dg'
url = url1 + url2
print('百度网址：', url, ' 数据类型：', type(url), sep =" \ n")
```

运行结果如下。

```
百度网址：
https://www. baidu. com/? tn =15007* * * _3_dg
数据类型：
<class 'str'>
```

项目 2　网络爬虫基础知识

项目导读

在互联网大数据时代，海量数据爆炸式地出现在网络中，给人们的生活带来极大的便利。但同时，海量的信息中大多数是无效的垃圾信息，相同信息一天产生数亿条的更新。如何在如此海量的信息碎片中得到真正需要的信息，成为人们的迫切需求。

最简单的数据信息获取方式是使用人工操作浏览器搜索信息，但是单靠人工进行筛选不太现实，于是网络爬虫技术应运而生。通过该技术将相关的内容收集起来，再经过分析、筛选才能得到人们真正需要的信息。

学习目标

◆ 知识目标

1. 掌握 Python 网络爬虫的应用与基本概念。
2. 了解 HTTP 的工作原理。
3. 熟练掌握 URL 的编码与解码。
4. 理解网页请求过程。

◆ 技能目标

1. 能识别不同类型的网络爬虫。
2. 会拆分和拼接 URL。
3. 能发送请求报文和接收响应。

◆ 素质目标

1. 坚持课堂教学与课外活动相衔接，使读者能学以致用，理论联系实际。
2. 坚持培养读者的学习兴趣。

◆ 思政目标

1. 增强读者的法律意识和道德责任感。
2. 引导读者思考技术发展对社会的影响，树立正确的价值观。

任务 1 网络爬虫概述

任务描述

小白基本上每天晚上都会上论坛找电影，他想看“院线大片”+“最近十年”的所有电影，就按照分类查找想要看的电影，但是竟然没有多选，不能同时选择两个或多个分类进行查找，只能先选择分类“院线大片”，然后一年一年地查找。这样找了几天后，小白发现这种方法太费时费力了，后来通过网上搜索，他第一次知道了“网络爬虫”。于是，在强大的兴趣驱动下，他开始学习使用网络爬虫查找电影。那么，Python 网络爬虫是什么？能实现什么功能呢？

任务分析

本任务包含 5 个小节，旨在引导读者全面了解网络爬虫的相关知识。从网络爬虫的基本原理到系统框架，到爬行策略和分类，每个小节都详细讲解了网络爬虫的不同方面。最后，还介绍了一些开源网络爬虫框架和项目，为读者提供了进一步学习和实践的资源。

任务重点与实施

网络爬虫是一种模拟浏览器发送网络请求、接收请求响应，按照一定的规则自动抓取互联网信息的程序。网络爬虫可以用来爬表格、爬图片、爬视频等数据，能通过浏览器访问的数据都可以通过网络爬虫获取。

2.1.1 网络爬虫的基本原理

用浏览器浏览网页时，在浏览器的地址栏内输入一个网络地址后按【Enter】键，浏览器向这个网页发送请求（request），维护网页的服务器收到这个请求，并判定这个请求是有效的，于是返回一些响应信息（response）到浏览器，浏览器将这些信息进行渲染，就显示人们看到的网页。网络爬虫实质是模拟浏览器的这个过程。

在互联网上，每一信息资源都有统一的且在网上唯一的地址，该地址被称为统一资源定位符（uniform resource locator，URL），它是互联网的统一资源定位标志，也就是网络地址。

百度搜索界面如图 2-1 所示，网页的链接 https：//www. baidu. com/就是一个 URL。

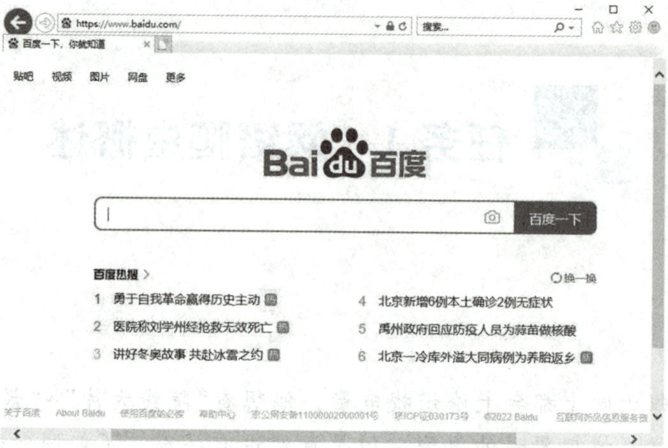

图 2-1 百度搜索界面

广义的 URL 不只是看到的网页资源链接，还是资源在网页中的定位标识。网页是一个资源，网页中加载的每一张图片也是一个资源，它们在互联网中也有唯一的 URL。

网页链接 http：//www. halehuo. com/Public/img/scenic/images/190/599411a304 * * *. jpg，如图 2-2 所示图片资源的定位符，将这个链接输入浏览器中就会显示出这张图片，所以这张图片也对应一个 URL。

图 2-2 图片资源的定位符

2. 1. 2 网络爬虫系统框架

网络爬虫是搜索引擎抓取系统的重要组成部分。网络爬虫的主要目的是将互联网上的网页下载到本地形成一个互联网内容的镜像备份。

网络爬虫的系统框架主要由控制器、解析器、资源库 3 个部分组成。

(1)控制器。控制器是网络爬虫的中央控制器，主要根据系统传过来的 URL 链接分配线程，然后启动线程调用网络爬虫爬取网页。

(2)解析器。解析器的主要工作是下载网页、进行页面的处理，是将一些 JS 脚本标签、CSS 代码内容、空格字符、HTML 标签等内容处理掉。网络爬虫的基本工作是由解析器完成的。

(3)资源库。资源库用来存放下载的网页资源，一般采用大型数据库(如 Oracle 数据库）存储，并对其建立索引。网络爬虫的大体流程分为 3 步，如图 2-3 所示。

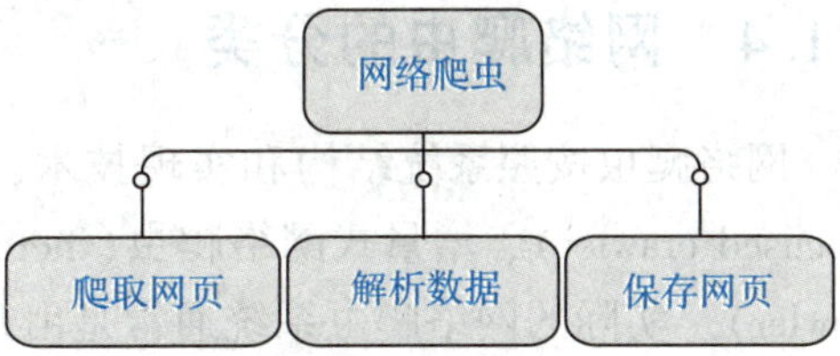

图 2-3　网络爬虫的大体流程

从网络爬虫的角度对要爬取的网页进行划分，互联网中的所有页面可以分为以下 5 个部分。

（1）已下载未过期网页。

（2）已下载已过期网页：抓取到的网页实际上是互联网内容的一个镜像与备份，互联网是动态变化的，一部分互联网上的内容已经发生了变化，这时，这部分被抓取到的网页就已经过期了。

（3）待下载网页：待抓取 URL 队列中的页面。

（4）可知网页：还没有抓取下来，也没有在待抓取 URL 队列中，但是可以通过对已抓取页面或待抓取 URL 对应页面进行分析获取到的页面。

（5）不可知网页：这部分网页，网络爬虫是无法直接抓取下载的。

2.1.3　爬行策略

为提高工作效率，网络爬虫会采取一定的爬行策略，常用的爬行策略有深度优先策略、广度优先策略和最佳优先策略。

1. 深度优先策略

深度优先策略的基本方法是按照深度由低到高的顺序，依次访问下一级网页链接，直到不能再深入为止。网络爬虫在完成一个爬行分支后返回上一链接节点进一步搜索其他链接。当所有链接被遍历完后，爬行任务结束。这种策略比较适合垂直搜索或站内搜索，但爬行页面内容层次较深的站点时会造成资源的巨大浪费。

2. 广度优先策略

广度优先策略按照网页内容目录层次的深浅来爬行页面，处于较浅目录层次的页面首先被爬行。当同一层次中的页面被爬行完毕后，网络爬虫再深入下一层继续爬行。这种策略能够有效控制页面的爬行深度，避免遇到一个无穷深层分支时无法结束爬行的问题，实现方便，无须存储大量的中间节点，不足之处在于需花费较长时间才能爬行到目录层次较深的页面。

3. 最佳优先策略

最佳优先策略按照一定的网页分析算法，预测候选 URL 与目标网页的相似度，或与主题的相关性，并选取评价最好的一个或几个 URL 进行抓取。它只访问经过网页分析算法预测为“有用”的网页。存在的一个问题是，在网络爬虫抓取路径上的很多相关网页可能会被忽略，因为最佳优先策略是一种局部最优搜索算法。因此，需要将最佳优先策略根据具体的应用进行改进，以跳出局部最优点。研究表明，这样的闭环调整可以将无关网页的数量降低 30% ~90% 。

2.1.4 网络爬虫的分类

网络爬虫按照系统结构和实现技术，大致可以分为通用网络爬虫、聚焦网络爬虫(focused crawler)、增量式网络爬虫(incremental wel crawler)、深层网络爬虫(deep web crawler)。实际的网络爬虫系统通常是由几种网络爬虫技术相结合实现的。

1. 通用网络爬虫

通用网络爬虫又被称为全网爬虫，爬行对象从一些种子 URL 扩充到整个 Web，主要为门户站点搜索引擎和大型 Web 服务提供商采集数据。这类网络爬虫的爬行范围和数量巨大，对于爬行速度和存储空间要求较高，对于爬行页面的顺序要求相对较低，同时由于待刷新的页面太多，通常采用并行工作方式，但需要较长时间才能刷新一次页面。虽然存在一定缺陷，但是通用网络爬虫适用于为搜索引擎搜索广泛的主题，有较强的应用价值。

通用网络爬虫的结构大致可以分为页面爬行模块、页面分析模块、链接过滤模块、页面数据库、URL 队列、初始 URL 集合。

2. 聚焦网络爬虫

聚焦网络爬虫又被称为主题网络爬虫(topical crawler)，是指选择性地爬行那些与预先定义好的主题相关的页面的网络爬虫。和通用网络爬虫相比，聚焦网络爬虫只需要爬行与主题相关的页面，极大地节省了硬件和网络资源，保存的页面也由于数量少而更新快，还可以很好地满足一些特定人群对特定领域信息的需求。

3. 增量式网络爬虫

增量式网络爬虫是指对已下载网页采取增量式更新和只爬行新产生的或已经发生变化的网页的网络爬虫，它能够在一定程度上保证所爬行的页面是尽可能新的页面。与周期性爬行和刷新页面的网络爬虫相比，增量式网络爬虫只会在需要的时候爬行新产生或发生更新的页面，并不重新下载没有发生变化的页面，可有效减少数据下载量，及时更新已爬行的网页，减小时间和空间上的耗费，但是增加了爬行算法的复杂度和实现难度。增量式网络爬虫的结构包含爬行模块、排序模块、更新模块、本地页面集、待爬行 URL 集及本地页面 URL 集。

4. 深层网络爬虫

Web 页面按存在方式可以分为表层网页(surface web)和深层网页(deep web，也被称为 invisible web pages 或 hidden web)。表层网页是指传统搜索引擎可以索引的、以超链接可以到达的静态网页为主构成的 Web 页面。深层网页是指那些大部分内容不能通过静态链接获取的、隐藏在搜索表单后的、只有用户提交一些关键词才能获得的 Web 页面。例如，那些用户注册后内容才可见的网页就属于深层网页。2000 年 Bright Planet 指出：深层网页中可访问信息容量是表层网页的几百倍，是互联网上最大、发展最快的新型信息资源。

深层网络爬虫是指爬取深层网页的网络爬虫，其结构包含6个基本功能模块(爬行控制器、解析器、表单分析器、表单处理器、响应分析器、LVS控制器)和2个网络爬虫内部数据结构(URL列表、LVS表)。其中，LVS(label value set)表示标签/数值集合，用来表示填充表单的数据源。

2.1.5　开源网络爬虫框架/项目

开源网络爬虫纷繁多样，各具特长，适用于不同场景和用户需求。下面介绍用Python语言编写的开源网络爬虫类型。

1. Scrapy

Scrapy是一种快速、高层次的网络爬取和采集框架，可用于爬取网站页面，并从页面中抽取结构化数据。其用途广泛，适用于从数据挖掘、监控到自动化测试。

Scrapy在设计上考虑了从网站抽取特定的信息，支持使用CSS选择器和XPath表达式，使开发人员可以聚焦于实现数据抽取。其特性如下。

(1)内置支持从HTML和XML抽取数据、使用扩展的CSS选择器(selector)和XPath表达式等特性。

(2)支持以多种格式(JSON、CSV、XML)生成输出。

(3)基于Twisted构建。

(4)稳健地支持自动检测编码方式。

(5)快速、功能强大。

2. Cola

Cola是一种高层分布式爬取框架，实现从网站爬取网页，并从中抽取结构化数据。它提供了一种实现目标数据获取的简单且灵活的方式。用户只需要编写其中一部分代码，就可在本地和分布式环境下运行。

3. Crawley

Crawley是一种用Python语言编写的网络爬取和采集框架，意在简化开发人员从网页抽取数据到数据库等结构化存储中的操作。其特性如下。

(1)基于Eventlet构建的高速网络爬虫。

(2)支持MySQL、PostgreSQL、Oracle、Sqlite等关系数据库引擎。

(3)支持MongoDB、CouchDB等NoSQL数据库。

(4)支持导出数据为JSON、XML和CSV格式。

(5)支持使用命令行工具。

(6)支持开发人员使用自己喜好的工具，如XPath或Pyquery(一种类似于jQuery的Python软件库)等。

(7)支持Cookie处理器(handler)。

4. MechanicalSoup

MechanicalSoup是一种设计模拟人类使用网络浏览器行为的Python软件库，基于解析软件库 BeautifulSoup 构建。

如果开发人员需要从单个站点采集数据，或是不需要采集大量数据，那么使用 MechanicalSoup 是一种简单高效的方法。MechanicalSoup 自动存储和发送 Cookie、跟踪重定向、支持链接跟随和提交表单。

5. PySpider

PySpider 是一种用 Python 语言编写的强大网络爬虫。它支持 JavaScript 网页，并具有分布式架构。PySpider 支持将爬取数据存储在用户选定的后台数据库，包括 MySQL、MongoDB、Redis、SQLite、Elasticsearch 等，支持开发人员使用 RabbitMQ、Beanstalk 和 Redis 等作为消息队列。其特性如下。

(1)提供强大的 Web 界面，具有脚本编辑器、任务监控、项目管理器和结果查看器。

(2)支持对重度 Ajax 网站的爬取。

(3)易于实现适用、快速的爬取。

6. Portia

Portia 是由 Scrapinghub 创建的一种可视化爬取工具，它不需要用户具有任何程序开发知识。用户可以使用 Portia 的基本点击工具标注需要爬取的数据，然后根据这些标注理解如何爬取类似页面中的数据。一旦检测到需要爬取的页面，Portia 会形成一个用户已创建结构的实例。其特性如下。

(1)通过记录并回放用户在页面上的操作，实现单击、拖动和等待等动作。

(2)Portia 可以很好地爬取基于 Ajax 构建的网站(基于 Splash)，也适用于爬取 Backbone、Angular 和 Ember 等重度 JavsScript 框架。

7. BeautifulSoup

BeautifulSoup 是一种设计用于实现网络爬取等快速数据获取项目的 Python 软件库。它在设计上处于 HTML 或 XML 解析器之上，提供用于迭代、搜索和修改解析树等功能的 Python 操作原语，往往能为开发人员节省数小时乃至数天的工作。其特性如下。

(1)自动将输入文档转换为 Unicode 编码，并将输出文档转换为 UTF-8 编码。

(2)处于一些广为采用的 Python 解析器(如 lxml 和 html5lib)之上，支持用户尝试使用多种不同的解析策略，并在速度和灵活性上做出权衡。

8. Spidy

Spidy 是一种从命令行运行的网络爬虫，易于使用。用户只需提供网页的 URL 链接，Spidy 就可以开始爬取，是一种整体爬取网络的简单有效的方式。Spidy 使用 Python 请求查询网页，并使用 lxml 抽取页面中的所有链接。其特性如下。

(1)错误处理。

(2)跨平台兼容性。

(3)频繁时间戳日志。

(4)可移植性。

(5)用户友好的日志。

(6)保存网页。

(7)支持文件压缩。

9. Garb

Grab 是一种用于构建网络爬虫的 Python 框架，使用 Grab 可构建出各种复杂度的网络爬虫，从只有 5 行代码的脚本，到可处理百万量级网页的复杂异步网络爬虫。Grab 提供了执行网络请求、处理接收内容的 API。例如，实现与 HTML 文档的 DOM 树进行交互。其特性如下。

(1)支持 HTTP 和 SOCKS 代理，可使用也可不使用认证。

(2)自动字符集检测。

(3)强大的 API，支持使用 XPath 查询从 HTML 文档的 DOM 树中抽取数据。

(4)自动 Cookie(或会话)支持。

任务评价

评价内容	评价标准	分值/分	读者自评	教师评估
网络爬虫的基本原理	熟知网络爬虫的基本原理	20		
网络爬虫系统框架	熟悉网络爬虫系统框架	20		
爬行策略	了解爬行策略	20		
网络爬虫的分类	熟知网络爬虫的分类	20		
开源网络爬虫框架/项目	了解开源网络爬虫框架/项目	20		
总分		100		

任务 2 HTTP 概述

任务描述

了解了网络爬虫的原理，小白还是对 Python 网络爬虫无从下手，觉得手动使用浏览器搜索简单，使用编程进行操作无法理解，不清楚如何模拟浏览器。为了解决上面的问题，需要引入 HTTP 这个概念，了解了这些定义，才能知道如何模拟浏览器。

任务分析

本任务包含4个小节，旨在引导读者全面了解 HTTP 和 URL 编码的相关知识。从 HTTP 的工作原理到 Urllib 模块库的使用，再到 URL 的概述和编码设置，每个小节都详细讲解了 HTTP 和 URL 编码的不同方面。

任务重点与实施

超文本传输协议(hyper text transfer protocol，HTTP)定义了 Web 客户端如何从 Web 服务器请求 Web 页面，以及服务器如何把 Web 页面传送给客户端。HTTP 采用请求/响应模型。客户端向服务器发送一个请求报文，请求报文包括请求的方法、URL、协议版本、请求头部和请求数据。服务器以一个状态行作为响应，响应内容包括协议的版本、成功或错误代码、服务器信息、响应头部和响应数据。

2.2.1 HTTP 的工作原理

HTTP 是用于从万维网(world wide web，WWW)服务器传输超文本到本地浏览器的传输协议。

HTTPS(hypertext transfer protocol over secure socket layer)是以安全为目标的 HTTP 通道，简单讲是 HTTP 的安全版。

URL 协议中最常用的是 HTTP，它是目前 WWW 中应用最广的协议。按照 HTTP 进行划分，网络爬虫的工作流程如图 2-4 所示。

网络爬虫的第一个步骤就是对起始 URL 发送 HTTP 请求，以获取其返回的 HTTP 响应。HTTP 是服务器(server)和客户端(client)之间进行数据交互(相互传输数据)的一种形式，如图 2-5 所示。

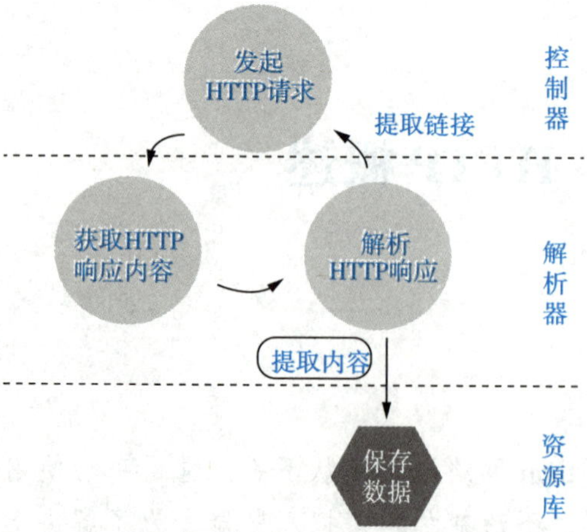

图 2-4　网络爬虫的工作流程

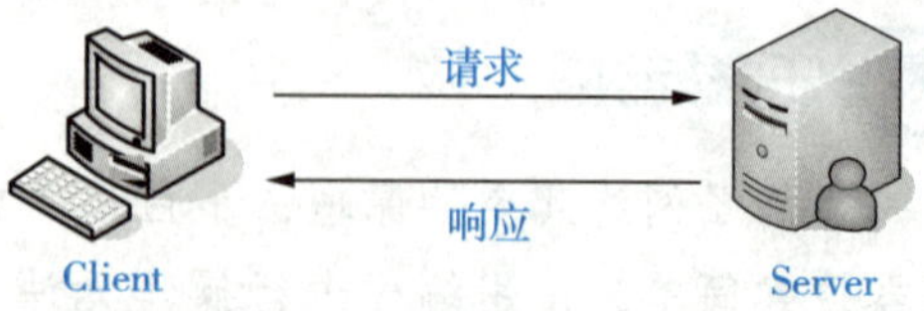

图 2-5　HTTP 的工作原理

HTTP 请求/响应的步骤如下。

1. 客户端连接到 Web 服务器

HTTP 客户端通常是指浏览器，与 Web 服务器的 HTTP 端口(默认为 80)建立一个 TCP 套接字连接。

2. 发送 HTTP 请求

通过 TCP 套接字，客户端向 Web 服务器发送一个文本的请求报文。

3. 服务器接收请求并返回 HTTP 响应

Web 服务器解析请求，定位请求资源。服务器将资源副本写到 TCP 套接字，由客户端读取。

4. 释放 TCP 连接

若 connection 模式为 close，则服务器主动关闭 TCP 连接，客户端被动关闭连接，释放 TCP 连接；若 connection 模式为 keepalive，则该连接会保持一段时间，在该时间内可以继续接收请求。

5. 客户端浏览器解析 HTML 内容

客户端浏览器首先解析状态行，查看表明请求是否成功的状态代码；然后解析每一个响应头，响应头告知以下为若干字节的 HTML 文档和文档的字符集；客户端浏览器读取响应数据 HTML，根据 HTML 的语法对其进行格式化，并在浏览器窗口中显示。

2.2.2　Urllib 模块库

Urllib 模块库是一个高级的 Web 交流库，其核心功能是模仿 Web 浏览器等客户端去请求相应的资源，并返回一个类文件对象。Urllib 模块库支持各种 Web 协议，如 HTTP、FTP、Gopher，同时也支持对本地文件进行访问。

> **提示**
>
> Urllib 模块库是 Python 自带的标准库，无须安装，可以直接使用。除 Urllib 模块库外，网络爬虫模块库还包含一系列第三方模块库，如 Urllib3、Requests、Requests-Cache 等。所有第三方模块库，都需要下载、安装、导入后才可以应用。具体安装步骤将在后面使用具体模块库时介绍，这里不再赘述。

Urllib 模块库可以实现向服务器发送请求、得到服务器响应、获取网页内容的功能。Urllib 模块库分为 4 个大的子模块，分别是 urllib. request、urllib. error、urllib. parse、urllib. robotparser。

(1) urllib. requset：HTTP 请求模块，可以用来模拟发送请求，只需要传入 URL 及额外参数，就可以模拟浏览器访问网页的过程。

(2)urllib. error：异常处理模块，检测请求是否报错，捕捉异常错误，进行重试或其他操作，保证程序不会终止。

(3)urllib. parse：工具模块，提供许多 URL 处理方法，如拆分、解析、合并等。

(4)urllib. robotparser：文件解析模块，识别网站的 robots. txt 文件，判断哪些网站可以爬取，哪些网站不可以爬取，使用频率较少。

Urllib 模块库是 Python 语言中使用率非常高的模块库，有很多第三方模块库都是通过包装这个模块库的功能而开发出来的。

2. 2. 3 URL 概述

Web 上每种可用的资源(如 HTML 文档、图像、视频片段、程序等)都有唯一通用资源标识符进行定位。

URL 是 URI 的一个子集，URL 是 Internet 上描述信息资源的字符串，主要用在各种 WWW 客户程序和服务器上。采用 URL 可以用一种统一的格式来描述各种信息资源，包括文件、服务器的地址和目录等。

网页与网址如图 2-6 所示，网址是网络爬虫获取数据的基本依据。因此，网络爬虫爬取数据时必须要有一个目标的 URL 才可以获取数据。

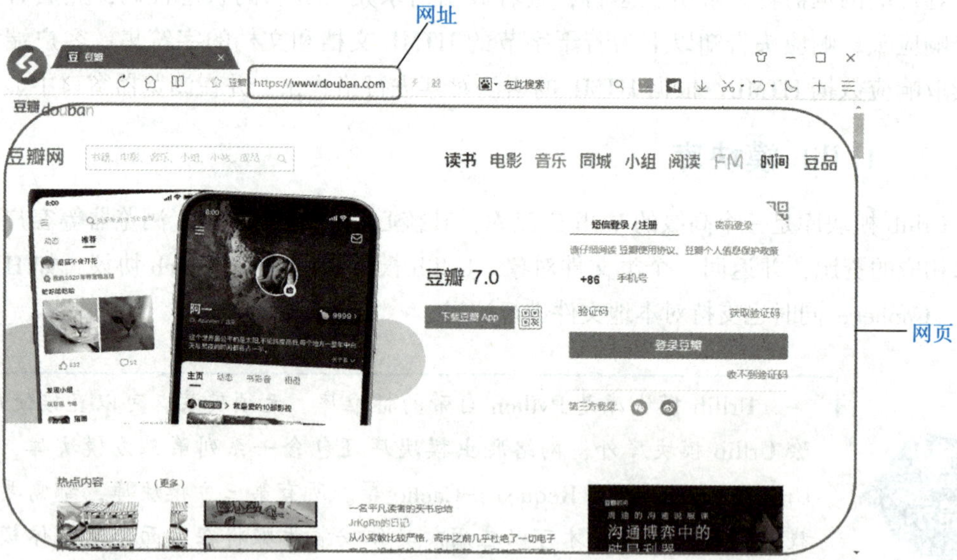

图 2-6 网页与网址

在 Python 语言中，网址 URL 一般直接使用字符串定义，豆瓣的网址 URL 定义方法如下。

```
url ="https://www. douban. com/"
url = 'https://www. douban. com/'
```

1. 网址格式

网页地址 URL 是由符合一定格式的字符串组成的。URL 的一般语法格式(带方括号[ ]的为可选项)如下。

```
protocol: // hostname[:port] / path / [:parameters][? query]#fragment
```

参数说明如下。

(1)protocol：指定使用的传输协议、服务方式。常见 URL 协议如表 2-1 所示。

表 2-1　常见 URL 协议

协议名称	说明
file	本地计算机上的文件资源，后边应是 3 个斜杠。格式：file：///
ftp	通过 FTP 访问资源。格式：FTP：//
gopher	通过 Gopher 协议访问该资源
http	通过 HTTP 访问该资源。格式：HTTP：//
https	通过安全的 HTTPS 访问该资源。格式：HTTPS：//
mailto	资源为电子邮件地址，通过 SMTP 访问。格式：mailto：：//
MMS	通过支持 MMS(流媒体)协议的软件播放该资源。代表软件：Windows Media Player。格式：MMS：//
ed2k	通过支持 ed2k(专用下载链接)协议的 P2P 软件访问该资源。代表软件：电驴。格式：ed2k：//
Flashget	通过支持 Flashget(专用下载链接)协议的 P2P 软件访问该资源。代表软件：快车。格式：Flashget：//
thunder	通过支持 thunder(专用下载链接)协议的 P2P 软件访问该资源。代表软件：迅雷。格式：thunder：//
news	通过 NNTP 访问该资源

(2)hostname：IP 地址。在 URL 中，也可以使用 IP 地址作为域名使用。

(3)port：端口号。域名和端口之间使用"："作为分隔符。

(4)path：主机资源的具体地址，如目录和文件名等。从域名后的第一个"/"开始到最后一个"/"为止，是虚拟目录。

(5)parameters：文件名部分。从域名后的最后一个"/"开始到"?"为止，是文件名部分。如果没有"?"，则从域名后的最后一个"/"开始到"#"为止，是文件名部分。

(6)query：参数部分，从"?"开始到"#"为止之间的部分，又被称为搜索部分、查询部分。可以允许有多个参数，参数与参数之间用"&"作为分隔符。

(7)fragment：锚部分。从"#"开始到最后，是锚部分。

URL 由 3 部分组成：第一部分是协议；第二部分是存有该资源的主机 IP 地址(有时也包括端口号)；第三部分是主机资源的具体地址，如目录和文件名等。第一部分和

第二部分用“：//”符号隔开；第二部分和第三部分用“/”符号隔开；第一部分和第二部分是不可缺少的，第三部分有时可以省略。

2. 拆分 URL

urlparse( )函数可以将一个 URL 字符串分解成 6 个元素，即 addressing scheme、network location、path、parameters、query、fragment identifier，其调用格式如下。

```
urlib. parse. urlparse(urlstring, scheme ='', allow_fragments =True)
```

参数说明如下。

(1) urlstring：URL 字符串。

(2) scheme：协议类型。若设置 scheme 数，则指定为 addressing scheme。

(3) allow_fragments：用于设置是否忽略 fragment 部分。若设置参数 allow_fragments 为 False，则 fragment 部分会被忽略。

案例1 拆分图片网址 URL

扫码看视频

在浏览器中搜索如图 2-7 所示的猫，网址为 https：//cn. bing. com/images/ search？ view=detailV2&ccid=iQzwAgAY&id= ＊ ＊ ＊992AD902F97FE5AE85BFC4935CDF2911AA429&thid=OIP. iQzwAgAYTTOpvtYvklm_wwHaLH&mediaurl=https%3a%2f%2fimg. zcool. cn%2fcommunity%2f017d275d39117da8012187f4538e0e. jpg%401280w_1l_2o_100sh. jpg&exph=1920&expw=1280&q=%e7%8c%ab&simid=608000265040629969&FORM=IRPRST&ck=5DD0FC57B49AD8BAE607F6CA5341C66E&selectedIndex=0&ajaxhist=0&ajaxserp=0，对其进行拆分。

图 2-7 图片

PyCharm 程序如下。

```
#! /usr/bin/env python3
# -* - coding: UTF-8 -* -
# 导入模块
from urllib import parse
# 输入网址
url = 'https://cn. bing. com/images/search? view = detailV2&ccid = iQzwAgAY&id = *  *  *
992AD902F97FE5AE85BFC4935CDF2911AA429&thid =OIP. iQzwAgAYTTOpvtYvklm_wwHaLH&media
url =https% 3a% 2f% 2fimg. zcool. cn% 2fcommunity% 2f017d275d39117da8012187f4538e0e. jpg%
401280w _ 1l _ 2o _ 100sh. jpg&exph = 1920&expw = 1280&q =% e7% 8c% ab&simid =
608000265040629969&FORM =IRPRST&ck =5DD0FC57B49AD8BAE607F6CA5341C66E&selectedInde
x =0&ajaxhist =0&ajaxserp =0'
# 拆分网址
aburl = urllib. parse. urlparse(url)
# 输出结果
for x in aburl:
    print(x)
```

运行结果如下。

```
https
cn. bing. com
/images/search
view=detailV2&ccid=iQzwAgAY&id=* * * 992AD902F97FE5AE85BFC4935CDF2911AA429&thid = OIP. iQzwAgAYTTOpvtYvklm _ wwHaLH&mediaurl = https% 3a% 2f% 2fimg. zcool. cn% 2fcommunity% 2f017d275d39117da8012187f4538e0e. jpg% 401280w _ 1l _ 2o _ 100sh. jpg&exph = 1920&expw = 1280&q =% e7% 8c% ab&simid = 608000265040629969&FORM = IRPRST&ck = 5DD0FC57B49AD8BAE607F6CA5341C66E&selectedIndex=0&ajaxhist=0&ajaxserp=0
```

3. 拼接 URL

在进行网络爬虫时，经常会遇到需要把一个域名和网址路径进行拼接的操作。除了使用“+”，还可以利用其他方法进行网址 URL 拼接。

(1) 拼接 URL

urlunparse( ) 函数用于拼接 URL，是 urlparse 函数的反操作，其调用格式如下。

```
parse. urlunparse(tuple)
```

通过 tuple 创建一个 URL 字符串，该元组包含 6 个元素(每个元素均由字符串定义)，格式如下。

```
(addressing scheme, netword location, path, parameters, quer, fragment identifier)
```

(2) 拼接两个 URL

urljoin( ) 函数用于拼接两个 URL，在通过为 URL 基地址附加新的文件名的方式来处理同一位置处的若干文件时格外有用。如果基地址并非以字符“/”结尾，那么 URL 基地址最右边部分就会被这个相对路径所替换。如果希望在该路径中保留末端目录，则应确保 URL 基地址以字符“/”结尾。其调用格式如下。

```
parse. urljoin(base, url[, allow_fragments])
```

base 为基地址，与 url 中的相对地址结合组成一个绝对 URL 地址。

案例2　房地产信息网网址拼接

扫码
看视频

房地产信息网二手房全部房源网址为 https：//www. szhome. com，如图 2-8 所示，小区房源网址为 community. html，通过函数拼接小区房源网址。

PyCharm 程序如下。

```
#! /usr/bin/env python3
# -* - coding: UTF-8 -* -
# 导入模块
from urllib import parse
```

图 2-8　房地产信息网

```
# 输出拼接网址
print("https://www. szhome. com" + "community. html")
print(parse. urlunparse(("https ", "www. szhome. com", "community. html", "","","")))
print(parse. urljoin("https://www. szhome. com/", "community. html"))
print(parse. urljoin("https://www. szhome. com/", "/. . /. . /community. html"))
print(parse. urljoin("https://www. szhome. com", ". /. . /. . /community. html"))
```

运行结果如下。

```
https://www. szhome. comcommunity. html
https://www. szhome.com/community. html
https://www. szhome.com/community. html
https://www. szhome.com/community. html
https://www. szhome.com/community. html
```

单击任意一行网址，在浏览器中打开小区房源网页，如图 2-9 所示。

图 2-9　小区房源网页

2. 2. 4　URL 编码设置

对于简短的网址 URL，可以使用引号或单引号直接定义；对于长而复杂的网址 URL，可以使用加号进行拼接。网址拼接不是简单的字符串拼接，需要进行编码转换。

1. 编码函数

字符串被当作 url 提交时会被自动进行 url 编码处理，url 中有些字符会引起歧义。因此，当 url 地址中含有中文或“/”时，需要使用编码函数进行转换。

(1) urlencode( ) 函数

url 参数字符串中使用 key=value 键值对这样的形式来传参，键值对之间以“&”符号分隔，如/s? q=abc&ie=utf-8。如果在字符串中包含“=”或“&”，则会造成接收 url 的服务器解析错误，因此必须将引起歧义的“&”和“=”符号进行转义，也就是对其进行编码。

urlencode( ) 函数主要用于解决 key-value 字典形式的参数(post 的 request 格式)的编码，其调用格式如下。

```
urllib. request. urlencode(query, doseq =0)
```

参数格式如下。

```
[(key1, value1), (key2, value2), . . . ]
```

和

```
{'key1 ': 'value1', 'key2 ': 'value2', . . . }
```

返回的是形如'key2=value2&key1=value1'的字符串。

案例1　输出编码网址

扫码看视频

通过百度首页网址打开网页，搜索“体育比赛经典口号”，如图 2-10 所示，通过编码函数输出该网页的网址。

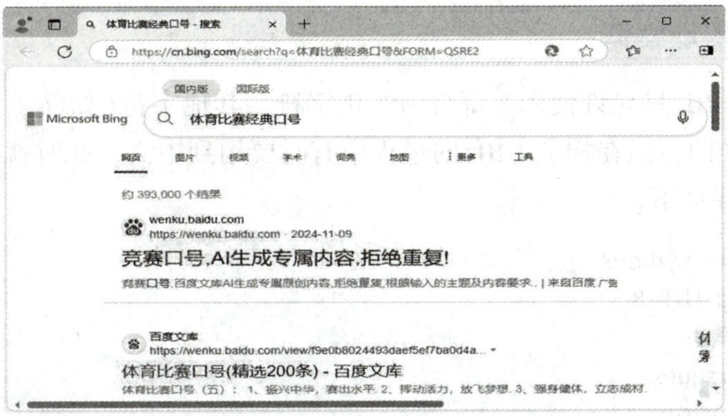

图 2-10　搜索“体育比赛经典口号”

PyCharm 程序如下。

```
#! /usr/bin/env python3
# -* - coding: UTF-8 -* -
from urllib. parse import urlencode
# 定义网址
base_url ="https://cn. bing. com/search? "
# 定义搜索部分 query,参数与参数之间用"&"作为分隔符
params = {'q': '体育比赛经典口号',
          'FORM': 'QSRE2'}
# 按照格式拼接网址
url = base_url + urlencode(params)
print(url)
```

运行结果如下。

```
https://cn. bing. com/search? q=%E4%BD%93%E8%82%B2%E6%AF%94%E8%B5%9B%
E7%BB%8F%E5%85%B8%E5%8F%A3%E5%8F%B7&FORM=QSRE2
```

(2) quote( ) 函数

若是需要对单一的字符串进行转换，则可以使用 quote( ) 函数，其调用格式如下。

```
urllib. parse. quote(s, safe='/')
```

参数说明如下。

① s：字符串。

② safe：指定某字符不被编码，默认为'/'，若指定'+'、'/'不需转换，则输入'+/' 和 '+ /'，“空格”转换为“%20”。

(3) quote_plus( ) 函数

quote_plus( ) 函数比 quote( ) 函数多一些功能，其调用格式如下。

```
urllib. parse. quote_plus(s, safe= '')
```

该函数可以将“空格”转换成“加号”，默认 safe 为空。

案例2 网址编码

扫码看视频

按照标准，URL 只允许使用一部分 ASCII 字符，其他字符(如汉字)是不符合标准的，但在构造 URL 的过程中有时要用到中文，此时就要进行编码。

PyCharm 程序如下。

```
#! /usr/bin/env python3
# -* - coding: UTF-8 -* -
# 导入 urllib 模块
import urllib. request
import urllib. parse
```

```
string ="http://www. 百度 . com"
str1 = urllib. parse. urlencode({string: '0'})
print('urlencode 函数编码')
print(str1)
str2 = urllib. parse. quote(string. encode('utf-8'))
print('quote 函数编码')
print(str2)
str3 = urllib. parse. quote_plus(string. encode('utf-8'))
print(str3)
print('quote_plus 函数编码')
```

运行结果如下。

```
urlencode 函数编码
http%3A%2F%2Fwww. %E7%99%BE%E5%BA%A6. com =0
quote 函数编码
http%3A//www. %E7%99%BE%E5%BA%A6. com
http%3A%2F%2Fwww. %E7%99%BE%E5%BA%A6. com
quote_plus 函数编码
```

2. 解码函数

与 urlencode( )或 quote( )等编码函数对应的是解码函数 unquote( )函数。在进行解码时，根据编码的不同，解码也略有不同。

(1)对应中文在 gbk 下的编码，解码就是把字符串转换成 gbk 编码，然后把“ \ x”替换成“%”。

(2)对应中文在 utf-8 下的编码，需要把结果再转换成 utf-8 输出，否则会显示乱码。

案例3　网址编码与解码

扫码看视频

CCTV 节目官方网址为 https：//tv. cctv. com/，对其进行编码与解码。

PyCharm 程序如下。

```
#! /usr/bin/env python3
# -* - coding: UTF-8 -* -
#导入 urllib 模块
import urllib. request
import urllib. parse
string ="https://tv. cctv. com/频道大全"
print(string)
str = urllib. parse. quote(string)
print(str)
#通过 urllib. unquote 解码,得到中文内容
str1 = urllib. parse. unquote(str)
print(str1)
```

运行结果如下。

```
https://tv. cctv. com/频道大全
https% 3A//tv. cctv. com/% E9% A2% 91% E9% 81% 93% E5% A4% A7% E5% 85% A8
https://tv. cctv. com/频道大全
```

任务评价

评价内容	评价标准	分值/分	读者自评	教师评估
HTTP 的工作原理	熟悉 HTTP 的工作原理	25		
Urllib 模块库	能够使用 Urllib 模块库	25		
URL 概述	能够网址拼接	25		
URL 编码设置	能够输出编码网址	25		
总分		100		

任务 3　网页请求过程

任务描述

了解了网页与 HTTP 的定义，小白对模拟浏览器发送网络请求的过程有了大概认识，但是，对使用 Python 进行操作还是一头雾水，不清楚如何使用 Python 模拟、如何模拟浏览器发送网络请求。

任务分析

本任务包含 3 个小节，旨在引导读者全面理解网页请求的流程，使读者能够掌握网页请求的基本概念、请求报文的发送与响应的接收，以及 HTTP 消息的具体内容。

任务重点与实施

网页请求过程分为两个环节，即发送请求和响应请求，如图 2-11 所示。

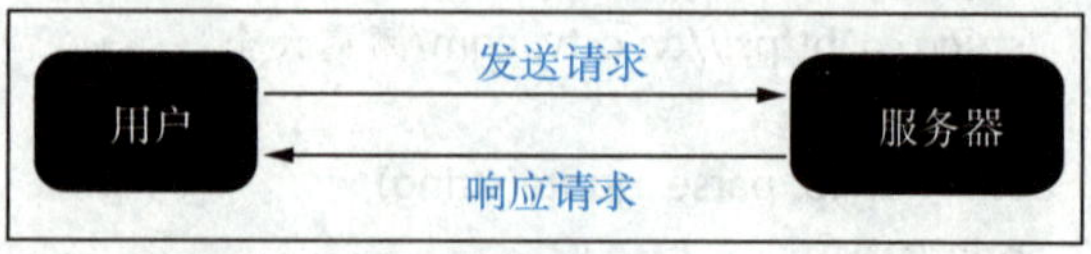

图 2-11　网页请求过程

(1)请求：每一个展示在用户面前的网页都必须经过这一步，也就是向服务器发送访问请求。

(2)响应：服务器在接收到用户的请求后，会验证请求的有效性，然后向用户(客户端)发送响应的内容，客户端接收服务器响应的内容，将内容展示出来。

2.3.1　发送请求报文

发送请求实质上是指发送请求报文的过程。请求报文包括以下 4 个方面：请求行(request line)、请求头(header)、空行和请求体。格式如下。

```
<method> <request-URL> <version>        //方法  请求 URL HTTP 版本
<headers>                               //HTTP 请求头
                                        //空行
<entity-body>                           //数据
```

1. 请求行

请求行由请求方法、请求 URL 和 HTTP 版本 3 个字段组成，字段间使用空格分隔。

(1)请求方法：指对目标资源的操作方式，常见的有 GET 和 POST 方法。根据 HTTP 标准，HTTP 请求可以使用多种请求方法。

① HTTP1.0 定义了 3 种请求方法：GET、POST 和 HEAD 方法。

- GET：请求指定的页面信息，并返回实体主体。
- POST：向指定资源提交数据进行处理请求，数据被包含在请求体中，POST 请求可能会导致新的资源的建立和/或已有资源的修改。
- HEAD：类似于 GET 请求，只不过返回的响应中没有具体的内容，用于获取报头。

② HTTP1.1 新增了 5 种请求方法，分别为 OPTIONS、PUT、DELETE、TRACE 和 CONNECT 方法。

- OPTIONS：允许客户端查看服务器的性能。
- PUT：从客户端向服务器传送的数据取代指定的文档的内容。
- DELETE：请求服务器删除指定的页面。
- TRACE：回显服务器收到的请求，主要用于测试或诊断。
- CONNECT：HTTP1.1 协议中预留给能够将连接改为管道方式的代理服务器。

(2)请求 URL：目标网站的统一资源定位符。

(3)HTTP 版本：HTTP 是指通信双方在通信流程和内容格式上共同遵守的标准。

2. 请求头

请求头中存储的是该请求的一些主要说明，服务器据此获取客户端的信息。常见的请求头如下。

(1)Accept：包含发出请求的服务器支持的数据类型。

(2)Accept-Charset：包含发出请求的服务器支持的字符集。

(3)Accept-Encoding：包含发出请求的服务器支持的压缩格式。

(4)Accept-Language：包含发出请求的服务器的语言环境。

(5)Host：包含发出请求的服务器想访问哪台主机。

(6)If-Modified-Since：包含发出请求的服务器缓存数据的时间。

(7)Connection：包含发出请求的服务器信息，请求完后是断开链接还是保持链接。

(8)User-Agent：包含发出请求的用户的信息，设置 User-Agent 常用于处理反网络爬虫。

(9)Cookie：包含先前请求的内容，设置 Cookie 常用于模拟登录。

(10)Referer：指示请求的来源，用于防止链盗及恶意请求。

3. 空行

空行标志着请求头的结束。

4. 请求体

请求体根据不同的请求方法包含不同的内容，若请求方法为 GET，则此项为空；若请求方法为 POST，则此项为待提交的数据(即表单数据)。

2.3.2 返回响应

通常，服务器接收并处理客户端发过来的请求后会返回一个 HTTP 响应。HTTP 响应也由 4 个部分组成，分别是状态行、消息报头、空行和响应正文，格式如下。

```
<version> <status> <reason-phrase>        //HTTP 版本 响应码  响应结果解释
<headers>                                 //HTTP 响应头
                                          //空行
<entity-body>                             //数据
```

例如

```
HTTP/1.1 200   OK
Date: Fri,22 May 2009 06:87:21 GMT
Content-Type: text/html; charset=UTF-8

<html>
<head></head><body><! /--body goes here--></body></html>
```

1. 状态行

状态行由 HTTP 版本号、状态码、状态消息 3 个部分组成。第一行为状态行，HTTP/1.1 表明 HTTP 版本为 1.1 版本，状态码为 200，状态消息为 OK。

状态码用于显示客户端本次请求的处理结果。状态码由 3 位数字组成，第一位数字定义了响应的类别，共分 5 种类别。

(1)1××：指示信息，表示请求已接收，继续处理。

(2)2××：成功，表示请求已被成功接收、理解、接收。

(3)3××：重定向，要完成请求必须进行更进一步的操作。

(4)4××：客户端错误，请求有语法错误或请求无法实现。

(5)5××：服务器端错误，服务器未能实现合法的请求。

常见的状态码说明如下。

(1)200 OK：客户端请求成功。

(2)400 Bad Request：客户端请求有语法错误，不能被服务器理解。

(3)401 Unauthorized：请求未经授权，这个状态码必须和 WWW-Authenticate 报头域同时使用。

(4)403 Forbidden：服务器收到请求，但是拒绝提供服务。

(5)404 Not Found：请求资源不存在，例如，输入了错误的 URL。

(6)500 Internal Server Error：服务器发生不可预期的错误。

(7)503 Server Unavailable：服务器当前不能处理客户端的请求，一段时间过后可能恢复正常。

2. 消息报头

说明客户端要使用的一些附加信息，第二行和第三行为消息报头，Date：生成响应的日期和时间；Content-Type：指定了 MIME 类型的 HTML(text/html)，编码类型是 UTF-8。

3. 空行

消息报头后面必须是空行。

4. 响应正文

服务器返回客户端的文本信息，空行后面的 html 部分为响应正文。

2.3.3 HTTP 消息

HTTP 消息由客户端到服务器的请求和服务器到客户端的响应组成。请求消息和响应消息都是由开始行(对于请求消息，开始行就是请求行；对于响应消息，开始行就是状态行)、消息报头、空行、消息正文组成的。

HTTP 消息报头包括普通报头、请求报头、响应报头、实体报头。每个报头域都是由名字+“：”+空格+值组成的。消息报头域的名字不区分大小写。

1. 普通报头

在普通报头中，有少数报头域用于所有的请求和响应消息，但并不用于被传输的实体，只用于被传输的消息。常用的普通报头如下。

(1) Cache-Control：用于指定缓存指令，缓存指令是单向的，且是独立的，HTTP1.0 使用的类似报头域为 Pragma。

请求时的缓存指令包括：no-cache(用于指示请求或响应消息不能缓存)、no-store、max-age、max-stale、min-fresh、only-if-cached。

响应时的缓存指令包括：public、private、no-cache、no-store、no-transform、must-revalidate、proxy-revalidate、max-age、s-maxage。

(2)Date：普通报头域，表示消息产生的日期和时间。

(3)Connection：普通报头域，允许发送指定连接的选项。例如，指定连接是连续，或者指定"close"选项，通知服务器，在响应完成后关闭连接。

2. 请求报头

请求报头允许客户端向服务器端传递请求的附加信息及客户端自身的信息。常用的请求报头域如下。

(1)Accept：用于指定客户端接收哪些类型的信息。Accept：image/gif，表明客户端希望接收 GIF 图像格式的资源。Accept：text/html，表明客户端希望接收 html 文本。

(2)Accept-Charset：用于指定客户端接收的字符集。默认可以接收任何字符集。

(3)Accept-Encoding：类似于 Accept，用于指定可接收的内容编码。

(4)Accept-Language：用于指定一种自然语言。Accept-Language：zh-cn，用于设置接收中文。

(5)Authorization：用于证明客户端有权查看某个资源。当使用浏览器访问一个页面时，如果收到服务器的响应代码为 401，可以发送一个包含 Authorization 请求报头域的请求，要求服务器对其进行验证。

(6)Host：用于指定被请求资源的 Internet 主机和端口号，通常是从 HTTP URL 中提取出来的。例如，在浏览器中输入 http://www. guet. edu. cn/index. html，在浏览器发送的请求消息中，就会包含 Host 请求报头域口。

(7)User-Agent：列出操作系统的名称和版本、使用的浏览器的名称和版本。

3. 响应报头

响应报头允许服务器传递不能放在状态行中的附加响应信息，以及关于服务器的信息和对 Request-URI 所标识的资源进行下一步访问的信息。常用的响应报头如下。

(1)Location：用于重定向接收者到一个新的位置。Location 响应报头域常用在更换域名时。

(2)Server：包含服务器用来处理请求的软件信息。与 User-Agent 请求报头域是相对应的。

4. 实体报头

请求和响应消息都可以传送一个实体。一个实体由实体报头域和实体正文组成，但并不是说实体报头域和实体正文要在一起发送，可以只发送实体报头域。实体报头定义了关于实体正文和请求所标识的资源的元信息。常用的实体报头如下。

(1)Content-Encoding：用于记录文档的压缩方法。例如，Content-Encoding：gzip。

(2)Content-Language：描述了资源所用的自然语言。

(3)Content-Length：指明实体正文的长度，以字节方式存储的十进制数字来表示。

(4)Content-Type：指明发送给接收者的实体正文的媒体类型。

(5)Last-Modified：用于指示资源的最后修改日期和时间。

(6) Expires：指定响应过期的日期和时间。

任务评价

评价内容	评价标准	分值/分	读者自评	教师评估
发送请求报文	熟悉发送请求报文的过程	30		
返回响应	熟悉 HTTP 响应的组成	40		
HTTP 消息	熟悉 HTTP 消息的组成	30		
总分		100		

项 目 小 结

本项目主要介绍网络爬虫的基础知识。首先介绍了网络爬虫的基本概念和工作原理；其次介绍了 HTTP 协议的基本知识；最后介绍了网页请求的过程。通过本项目的学习，不仅提升了读者的技术能力，还增强了读者对网络爬虫数据收集和信息检索方面应用的理解。

项 目 实 战

实战一　搜索商品网址

苏宁易购首页网址：https：//search. suning. com/，如图 2-12 所示，在搜索栏输入商品名称“手机”，编码搜索商品名称，使用该网址搜索数据。

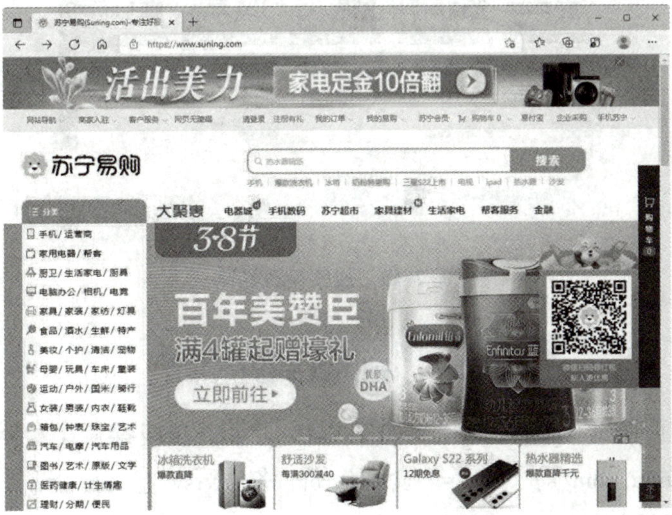

图 2-12　苏宁易购首页

PyCharm 程序如下。

(1)定义网址。

```
#! /usr/bin/env python3
# -* - coding: UTF-8 -* -
import urllib. request                    # 导入 urllib. request 模块
commodity = input('请输入你想要查找的商品:')
print('输入商品名称:', commodity)
url = 'https://search. suning. com/' + commodity + '/'
print('编码前的网址:', url)
```

(2)通过 urllib. parse. quote()编码，得到不带中文内容的网址。

```
url = 'https://search. suning. com/' + urllib. parse. quote(commodity) + '/'
print('编码后的网址:', url)
```

运行结果如下。

```
请输入你想要查找的商品:手机
输入商品名称:手机
编码前的网址:https://search. suning. com/手机/
编码后的网址:https://search. suning. com/% E6% 89% 8B% E6% 9C% BA/
```

单击编码后的网址，弹出如图 2-13 所示的显示商品搜索结果的网页。

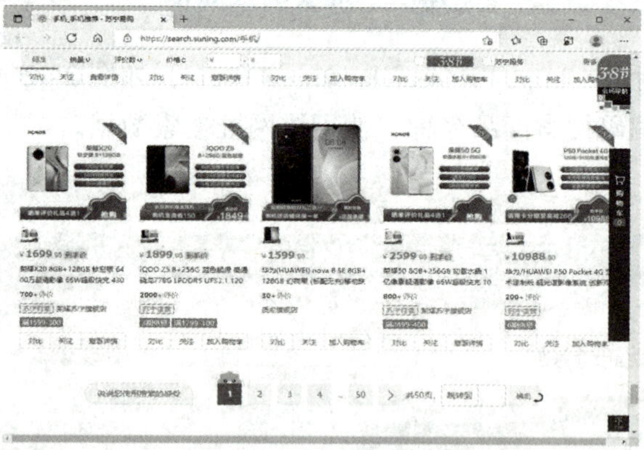

图 2-13 搜索手机结果

实战二 搜索食品价格网址

通过百度首页搜索“食品价格”，如图 2-14 所示，在搜索栏中显示该网页的网址：https：//www. baidu. com/s? wd = 食品价格 &rsv _ spt = 1&rsv _ iqid = 0xf351eecd000f0562&issp = 1&f = 8&rsv _ bp = 1&rsv _ idx = 2&ie = utf - 8&tn = baiduhome _ pg&rsv_dl = ib&rsv_enter = 1&rsv_sug3 = 2&rsv_sug1 = 1&rsv_sug7 = 001&rsv_n = 2。该网址包含中文，使用该网址爬取数据报错，需要进行网址编码后才可以使用。

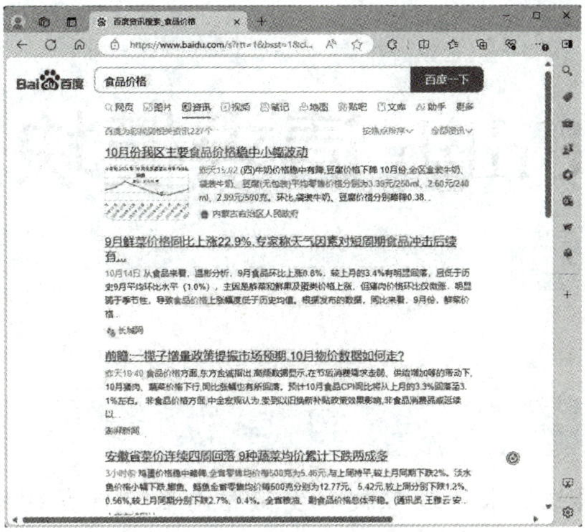

图 2-14　搜索食品价格

PyCharm 程序如下。

(1)定义网址。

```
#! /usr/bin/env python3
# -* - coding: UTF-8 -* -
# 导入模块
from urllib import parse
```

(2) 使用 urlunparse 函数拼接网址。

```
url1 = parse. urlunparse(("http", "www. baidu. com", "s", "", "", ""))
url2 = '? '
```

(3)使用 urlencode( )函数进行网址编码拼接。

```
# 定义搜索部分 query,参数与参数之间用“&”作为分隔符
params = {'tn': 'news', 'rtt': '1', 'bsst': '1',\
          'wd': '食品价格', 'cl': '2'}
url3 = urllib. parse. urlencode(params)
```

(4)使用加号拼接编码网址。

```
url = url1 + url2 + url3
print("搜索食品价格网址: ", url, sep = '\n')
```

运行结果如下。

```
搜索食品价格网址:
https://www. baidu. com/s? wd =食品价格 &rsv_spt =1&rsv_iqid =0xf351eecd000f0562&issp =
1&f =8&rsv_bp =1&rsv_idx =2&ie =utf-8&tn =baiduhome_pg&rsv_dl =ib&rsv_enter =1&rsv_sug3 =
2&rsv_sug1 =1&rsv_sug7 =001&rsv_n =2
```

单击上面的网址，在浏览器中弹出如图 2-14 所示的网页。

项目 3　Urllib 请求模块库的应用

项目导读

发送网页请求与接收请求的过程就和发微信与收到回复的过程类似。本项目主要介绍使用 Python 代码模拟鼠标单击发送请求的过程。

学习目标

◆ 知识目标

1. 掌握网络请求函数的使用方法。
2. 掌握函数各个参数的使用方法。
3. 了解通过代理发送网页请求的过程。
4. 掌握通过身份验证发送网页请求的过程。
5. 了解网页数据的下载方法并熟练使用。

◆ 技能目标

1. 会设置请求头。
2. 会设置代理 IP 和身份验证。

◆ 素质目标

1. 培养读者通过编程采集数据的综合应用能力，提高读者自主学习能力。
2. 通过学习网页的结构，激发读者学习探究动力。

◆ 思政目标

1. 培养读者的综合素养，使读者树立正确的价值观。
2. 培养读者通过 Python 发掘与应用社会资源。

任务1 发送网页请求

任务描述

小白学习 Python 网络爬虫的理论知识后，觉得需要进行具体操作才能灵活应用，想从最单的 Urllib 请求模块库开始学起。那么，Urllib 请求模块库中哪些函数可以实现网页请求的发起？不同网页请求函数有哪些异同呢？

任务分析

本任务包含6个小节，旨在引导读者逐步了解并掌握发送网页请求的相关知识和技能。这6个小节详细讲解了从准备阶段到实际发送请求的各个步骤，包括请求方法的选择、请求头的设置、参数的传递等关键内容，帮助读者全面掌握发送网页请求的全过程。

任务重点与实施

利用 urlopen( ) 函数可以实现最基本请求的发起，如果请求中需要加入 Headers 等信息，则需要利用更强大的复杂网络请求函数 Request( ) 来构建一个请求。

3.1.1 基本 HTTP 请求

1. 基本请求函数

urlopen( ) 函数是一个特殊的处理器对象 opener，用来实现基本的 HTTP 请求、接收服务器返回的响应数据。该函数不支持代理、Cookie 等其他的 HTTP/HTTPS 高级功能。

urlopen( ) 函数的使用格式如下。

```
urllib. request. urlopen(url,
                        data =None,
                        [ timeout, ],
                        cafile =None,
                        capath =None,
                        context =None)
```

参数说明如下。

(1) url：需要抓取的地址。

(2)data：向服务器提交信息时传递的字典形式的信息，爬取需要登录的网址时传入的用户名和密码。默认是 None，以 GET 方式发送请求；当定义 data 参数时，则以 POST 方式发送请求。

(3)timeout：超时时间，单位为秒(s)。

(4)cafile：指定 CA 证书。

(5)capath：指定 CA 的路径，这个在请求 HTTPS 链接时会有用。

(6)context：用来指定 SSL 设置。

2. 显示网页响应内容

urlopen()函数获取的是 HTTPResponse 类型的返回对象，想要获取网页的内容需要使用其对应的属性函数，如表 3-1 所示。

表 3-1　属性函数表

属 性 函 数	说明
Response. read()	返回获取到的所有网页内容(源代码)
Response. readline()	返回获取到的网页第一行内容
Response. readlines()	返回获取到的网页指定行内容
Response. readinto()	将二进制数据写入可变缓冲区中
Response. getheader()	返回响应头的指定信息
Response. getheaders()	返回响应头的所有信息
Response. fileno()	把文件流指针转换成文件描述符
Response. geturl()	返回请求的 url
Response. info()	返回一个 httplib. HTTPMessage 对象，表示远程服务器返回的头信息
Response. url	设置的 Url 字符串值
Response. headers	返回一个字典集，包含网页的响应头
Response. msg	返回响应 Response 的状态信息
Response. version	返回响应 Response 的 HTTP 版本
Response. status	返回响应 Response 的状态码
Response. reason	返回与状态码相对应的文本，例如，“OK”为 200
Response. debuglevel	返回响应 Response 的日志信息

案例1　获取公司数据

扫码看视频

石家庄××××文化传播有限公司的网址为 http：//www. sjz××××. com/，如图 3-1 所示，发送 HTTP 请求，获取网页信息。

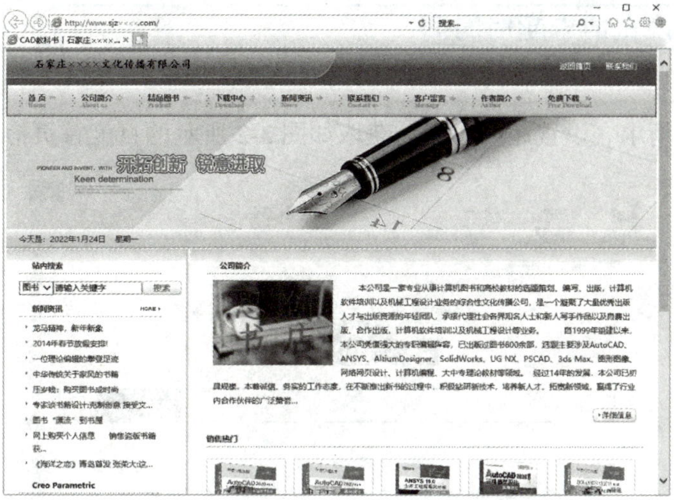

图 3-1 公司网址界面

PyCharm 程序如下。

```
import urllib. request as eq                     # 导入 urllib. request 模块，简化为 eq
url = 'http://www. sjz××××. com/'                # 定义需要抓取的网址
data = eq. urlopen(url)                          # 获取网页信息内容
# 显示网页数据
print('响应状态码：', data. status)
print('响应状态码说明：', data. reason)
print('响应头所有信息：', data. getheaders())
print('响应头指定信息：', data. getheader('Server'))
```

运行结果如下。

```
响应状态码： 200
响应状态码说明： OK
响应头所有信息： [('Date', 'Tue, 25 Jan 2022 07:37:34 GMT'), ('Content-Type', 'text/html; charset=utf-8'), ('Transfer-Encoding', 'chunked'), ('Connection', 'close'), ('Cache-Control', 'private'), ('Pragma', 'no-cache'), ('Expires', 'Thu, 19 Nov 1981 08:52:00 GMT'), ('Set-Cookie', 'PHPSESSID=0su0qag2jg59a9nuak9cph4vv4; path=/'), ('Set-Cookie', 'think_template=tushu_02; expires=Tue, 25-Jan-2022 08: 37: 34 GMT; path=/'), ('X-Powered-By', 'ThinkPHP2. 1'), ('X-Powered-By', 'ASP. NET'), ('Server', 'wts/1. 6')]
响应头指定信息：wts/1. 6
```

3. 网络超时

超时即当网络设备想在某个特定时间内从另一网络设备上接收信息，但是失败的情况。如果发送网络请求超出了设置的时间还没有得到响应，则会显示异常。

urlopen( ) 函数使用 timeout 参数指定超时时间，如果不指定该参数，而使用全局默认时间，则该参数支持发送 HTTP、HTTPS、FTP 请求。

案例2 设置请求超时时间

扫码看视频

发送 HTTP 请求，设置超时时间，获取如图 3-2 所示的百度首页信息。

图 3-2 百度首页

PyCharm 程序如下。

```
#! /usr/bin/env python3
# -* - coding: UTF-8 -* -
import urllib. request as eq          # 导入 urllib. request 模块,简化为 eq
# 设置超时时间,爬取网页
data1 = eq. urlopen("http://www. baidu. com", timeout =0. 1)
data2 = eq. urlopen("http://www. baidu. com", timeout =1)
#显示网页数据
print('响应状态码: ', data1. status)
print('响应状态码说明: ', data1. reason)
print('响应第一行数据: ', data1. readline())
# 显示网页数据
print('响应状态码: ', data2. status)
print('响应状态码说明: ', data2. reason)
```

运行结果如下。

```
响应状态码:200
响应状态码说明:OK
响应第一行数据:b'<! DOCTYPE html><! --STATUS OK-->\n'
响应状态码:200
响应状态码说明:OK
```

4. 请求信息编码设置

在 Python 中，用浏览器发送请求时，如果 url 中包含了中文或其他特殊字符，那么系统会显示错误。

案例3　爬取铁路车次信息

扫码看视频

（1）中国铁路 12306 首页如图 3-3 所示，使用 urlopen( ) 函数爬取数据。

图 3-3　中国铁路首页

PyCharm 程序如下。

```
#! /usr/bin/env python3
# -*- coding: UTF-8 -*-
# 导入 urllib 模块
import urllib. request
# 发送请求
URL1 = 'https://www. 12306. cn/index/'
response1 = urllib. request. urlopen(URL1)
# 显示发送请求状态码
print('铁路首页状态码', response1. status)
```

运行结果如下。

```
铁路首页状态码 200
```

（2）搜索从上海到天津的车次，如图 3-4 所示，使用 urlopen( ) 函数爬取数据。

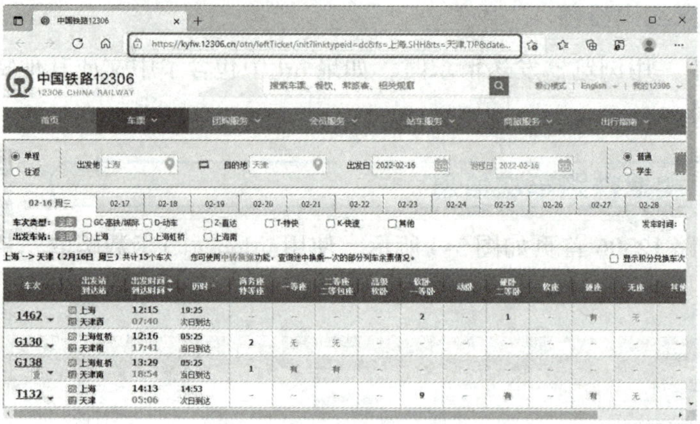

图 3-4　车次搜索结果

PyCharm 程序如下。

```
# 发送请求
URL2 = 'https://kyfw. 12306. cn/otn/ \
    leftTicket/init? linktypeid=dc&fs=上海,\
    SHH&ts=天津, TJP&date=2022-02-16&flag=N, N, Y'
response2 = urllib. request. urlopen(URL2)
# 显示网页状态码
print(response2. status)
```

该网页链接中包含中文字符，运行结果如下。

```
Traceback (most recent call last):
    File "D: \Python \Python313 \yuanwenjian \ch_02 \aa. py", line 76, in <module>
        response2 = urllib. request. urlopen(URL2)
    File "D: \Python \Python313 \Lib \urllib \request. py", line 189, in urlopen
        return opener. open(url, data, timeout)
            ~ ~ ~ ~ ~ ~ ~ ~ ~ ~ ~ ~ ~^^^^^^^^^^^^^^^^^^^^^
    File "D: \Python \Python313 \Lib \urllib \request. py", line 489, in open
        response = self. _open(req, data)
    File "D: \Python \Python313 \Lib \urllib \request. py", line 506, in _open
        result = self. _call_chain(self. handle_open, protocol, protocol +
                                    ' _open' , req)
    File "D: \Python \Python313 \Lib \urllib \request. py", line 466, in _call_chain
        result = func(* args)
    File "D: \Python \Python313 \Lib \urllib \request. py", line 1367, in https_open
        return self. do_open(http. client. HTTPSConnection, req,
            ~ ~ ~ ~ ~ ~ ~ ~ ~ ~ ~ ~ ~ ~^^^^^^^^^^^^^^^^^^^^^^^^^^^^^^^^^^^^^^^
                            context=self. _context)
                            ^^^^^^^^^^^^^^^^^^^^^^^
    File "D: \Python \Python313 \Lib \urllib \request.py", line 1319, in do_open
        h. request(req.get_method(), req. selector, req. data, headers,
```

```
            ~~~~~~~~~~^^^^^^^^^^^^^^^^^^^^^^^^^^^^^^^^^^^^^^^^^^^^^^^^^
^^^^^^^^^
        encode_chunked = req. has_header('Transfer- encoding'))
        ^^^^^^^^^^^^^^^^^^^^^^^^^^^^^^^^^^^^^^^^^^^^^^^^^^^^^^^^^^^^
    File "D:\Python\Python313\Lib\http\client. py", line 1336, in request
        self. _send_request(method, url, body, headers, encode_chunked)
        ~~~~~~~~~~~~~~~~~~~~~~~~^^^^^^^^^^^^^^^^^^^^^^^^^^^^^^^^^^^^^^
^^^^^^^^^^^^^^^^^
    File "D:\Python\Python313\Lib\http\client. py", line 1347, in _send_request
        self. putrequest(method, url, * * skips)
        ~~~~~~~~~~~~~~~~~~~~^^^^^^^^^^^^^^^^^^^^^^^^^^^^
    File "D:\Python\Python313\Lib\http\client. py", line 1181, in putrequest
        self. _validate_path(url)
        ~~~~~~~~~~~~~~~~~~~~~~~~~^^^^^
    File "D:\Python\Python313\Lib\http\client. py", line 1281, in _validate_path
        raise InvalidURL(f"URL can't contain control characters. {url! r} "
                 f"(found at least {match.group()! r})")
    http. client. InvalidURL: URL can't contain control characters. '/otn/ leftTicket/init? linkty-
peid =dc&fs =上海, SHH&ts =天津, TJP&date =2022-02-16&flag =N, N, Y' (found at least' ' ')
```

用浏览器发送请求时，如果 url 中包含了中文或其他特殊字符，那么浏览器会自动进行编码。上海的编码为 E4% B8% 8A% E6% B5% B7。天津的编码为% E5% A4% A9% E6% B4% A5。

编码后的车次搜索网址如下。

https：//kyfw. 12306. cn/otn/leftTicket/init？ linktypeid = dc&fs =% E4% B8% 8A% E6% B5% B7，SHH&ts =% E5% A4% A9% E6% B4% A5，TJP&date = 2024 – 12 – 18&flag = N，N，Y。

```
# 发送请求
URL3 = ('https://kyfw. 12306. cn/otn/leftTicket/init? '
    'linktypeid =dc&fs =% E4% B8% 8A% E6% B5% B7,SHH&ts =% E5% A4% A9% E6% B4% A5,'
    'TJP&date =2024-12-18&flag =N, N, Y'
response3 = urllib. request. urlopen(URL3)
# 显示网页状态码
print('搜索页面状态码', response3. status)
```

如果使用代码发送请求，那么就必须手动编码；如果编码时采用的不是默认的 UTF–8 编码，则解码时要选择和编码时一样的格式，否则会抛出异常。decode( )属性函数可以设置编码，如

```
print(response3. read(). decode('utf-8'))
```

运行结果如下。

```
<! DOCTYPE html PUBLIC " -//W3C//DTD XHTML 1. 0 Transitional//EN"" http://www. w3. org/TR/xhtml1/DTD/xhtml1-transitional. dtd">
<html xmlns="http://www. w3. org/1999/xhtml"><head><meta http-equiv="Content-Type" content="text/html; charset=UTF-8" />
<link href="/otn/resources/css/validation. css" rel="stylesheet" />
<link href="/otn/resources/merged/common_css. css? cssVersion=1. 9092" rel="stylesheet" />
<link rel="icon" href="/otn/resources/images/ots/favicon. ico" type="image/x-icon" />
<link rel="shortcut icon" href="/otn/resources/images/ots/favicon. ico" type="image/x-icon" />
<script>
/* <! [CDATA[* /
var ctx ='/otn/';
var globalRepeatSubmitToken = null;
var global_lang = 'zh_CN';
var sessionInit = '';
var isShowNotice = null;
var CLeftTicketUrl = 'leftTicket/queryO';
var isTestFlow = null;
var isMobileCheck = 'N';
var passport_appId = 'otn';
var passport_login ='https://kyfw. 12306. cn/passport/web/login';
var passport_captcha = 'https://kyfw. 12306. cn/passport/captcha/captcha-image';
var passport_authuam = 'https://kyfw. 12306. cn/passport/web/auth/uamtk';
var passport_captcha_check = 'https://kyfw. 12306. cn/passport/captcha/captcha-check';
var passport_authclient = 'uamauthclient';
var passport_loginPage = 'resources/login. html';
var passport_okPage = 'view/index. html';
var passport_proxy_captcha = 'resources/login. html';
```

在 parse 模块中，urlencode( )函数可以把字典数据转换为 URL 编码的数据。发送请求中的信息 data 必须是二进制，bytes( )函数将编码参数转换为二进制数据。

案例4 不同方式发送请求

扫码看视频

发送 HTTP 请求时，默认以 GET 方式发送，若在发送请求中添加附加信息 data，则以 POST 方式发送请求。

httpbi 提供了简单的 HTTP 请求和回复测试服务，提供了 GET/PUT/POST/PATCH/DELETET 常见方法，可以把请求头、参数等返回，方便调试 http 请求，可作为演示服务，测试平台功能。

PyCharm 程序如下。

```
#! /usr/bin/env python3
```

```
# -* - coding: UTF-8 -* -
# 导入 urllib 模块
import urllib. request
import urllib. parse
# 创建请求信息
data = bytes(urllib. parse. urlencode({"python": "numpy"}), encoding='utf-8')
# 发送请求
response1 = urllib. request. urlopen("http://httpbin. org/get")
# 显示网页源代码
print("未设置信息")
print(response1. read(). decode('utf-8'))
# 发送添加信息的请求
response2 = urllib. request. urlopen("http://httpbin. org/post", data=data)
# 显示网页源代码
print("设置 data 信息")
print(response2. read(). decode('utf-8'))
```

运行结果如下。

```
未设置信息
{
  "args": {},
  "headers": {
    "Accept-Encoding": "identity",
    "Host": "httpbin. org",
    "User-Agent": "Python-urllib/3. 10",
    "X-Amzn-Trace-Id": "Root=1-620f1a01-3b5798e539b0e41e2058cbe4"
  },
  "origin": "117. 185. 85. 150",
  "url": "http://httpbin. org/get"
}

设置 data 信息
{
  "args": {},
  "data": "",
  "files": {},
  "form": {
    "python": "numpy"
  },
  "headers": {
    "Accept-Encoding": "identity",
    "Content-Length": "12",
    "Content-Type": "application/x-www-form-urlencoded",
    "Host": "httpbin. org",
```

```
        "User-Agent": "Python-urllib/3.10",
        "X-Amzn-Trace-Id": "Root=1-620f1a02-0183d2c603ee8ae2172ec8f6"
    },
    "json": null,
    "origin": "117.185.85.150",
    "url": "http://httpbin.org/post"
}
```

使用 POST 发送请求时添加 data 数据，返回的响应数据中添加表单"form"。

```
"form": {
    "python": "numpy"
},
```

3.1.2 Request 网络请求

http 中的 headers 被称为消息头，包含 general(基本信息)、responseHeader(响应头)、requestHeader(请求头)、paramer(请求参数)。其中，general 基本信息包含以下几点。

(1) request url：请求的 url。

(2) request method：请求的方式。

(3) status code：响应状态码。

(4) remote address：远程地址，包含 IP 和端口。

Request()函数不但提供了最基本的构造 HTTP 请求的方法，而且利用它可以模拟浏览器的一个请求发起过程，同时它还可以设置请求头，实现处理 authenticaton(授权验证)、redirections(重定向)、Cookies(浏览器 Cookies)及其他功能。其使用格式如下。

```
urllib.request.Request(url,
                       data=None,
                       headers={},
                       origin_req_host=None,
                       unverifiable=False,
                       method=None)
```

参数说明如下。

(1) url：需要抓取的 URL 地址。

(2) data：向服务器提交信息时传递的字典形式的信息，必须是 bytes 类型。

(3) headers：定义请求头。

(4) origin_req_host：请求方的 host 名称或 IP 地址。

(5) unverifiable：设置请求是否无法验证，默认是 False，表示用户没有足够权限来选择接收这个请求的结果，无法验证。

(6) method：指示请求使用的方法，如 GET、POST、PUT 等。

案例　发送 Request 请求获取官网数据

扫码看视频

Python 官方网址为 https：//www. python. org/如图 3-5 所示，发送 Request 请求，获取网页信息。

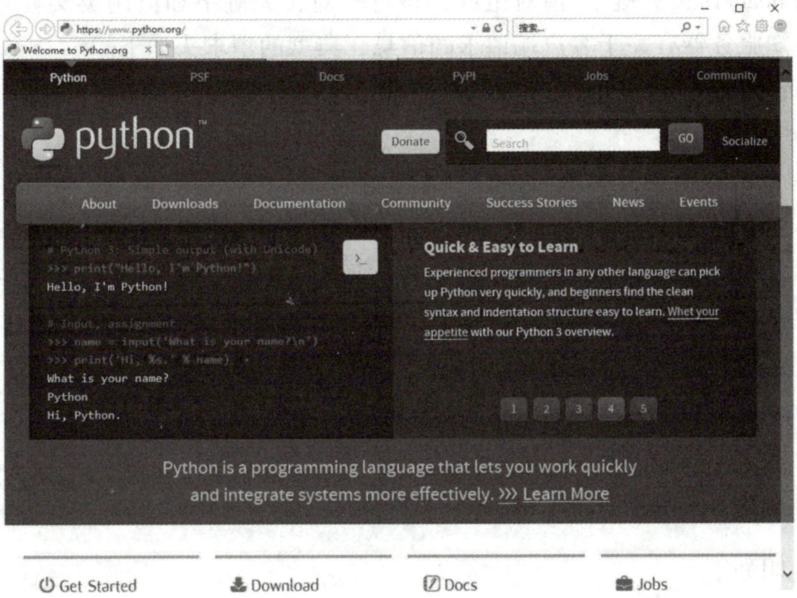

图 3-5　Python 官网界面

PyCharm 程序如下。

```
#! /usr/bin/env python3
# -* - coding: UTF-8 -* -
import urllib. request     # 导入 urllib. request 模块
# 通过 Request 请求,爬取网页
request = urllib. request. Request('https://python. org')
response = urllib. request. urlopen(request)
# 显示网页数据
print(response. read())
```

运行结果如下。

```
b'\x1f\x8b\x08\x00\x00\x00\x00\x00\x00\x03\xed}ks\xdbF\xb2\xf6wW\xed\x7f\x98\xd0u,
yc\xf0\xa6\xabe\x89Y_dG\x89/J $ \xc7gON\xca\x05\x12  \t\x89\x04h\ $1\xbb\xfb\xcf\xdeo\xef
\x1f;
```

3.1.3　设置请求头

使用 POST 方法可以允许客户端给服务器提供较多信息，POST 方法将请求参数封装在 HTTP 请求数据中，以名称/值的形式出现，可以传输大量数据，这样 POST 方式

对传送的数据大小没有限制，而且也不会显示在 URL 中。

设置请求头包含以下两种方法。

(1)在构造 Request 请求时，定义一个字典类型(dictionary)的 headers 参数，直接构造。

(2)通过调用请求 add_header()方法添加。

请求头 headers 由关键字/值对组成，每行一对，关键字和值用英文冒号“:”分隔。请求头部通知服务器有关于客户端请求的信息，典型的请求头如下。

(1)User-Agent：产生请求的浏览器类型，默认参数为"Python-urllib/3.6"，指明请求是由 urllib 发送的。

(2)Accept：客户端可识别的内容类型列表。

(3)Host：请求的主机名，允许多个域名同处一个 IP 地址，即虚拟主机。

遇到一些验证 User-Agent 的网站时，需要借助于 urllib.request 中的 Request 对象自定义 Headers。其中，User-Agent 通常格式如下。

```
Mozilla/5.0 (平台) 引擎版本 浏览器版本号
```

完整版格式如下。

```
Mozilla/5.0 (Windows NT 10.0; Win64; x64) AppleWebKit/537.36 (KHTML, like Gecko) Chrome/60.0.3100.0 Safari/537.36
```

参数说明如下。

(1)Mozilla：默认值。

(2)平台：Windows NT 10.0 为使用的操作系统的版本，对应的是 Windows 10。Windows 7 对应的是 Windows NT 6.1。Win64；x64 指操作系统是 64 位。

(3)引擎版本：AppleWebKit/537.36（KHTML，like Gecko）。

(4)浏览器版本号：Chrome/60.0.3100.0，其中，Chrome 表示浏览器，60.0 表示大版本，3100 是持续增大的一个数字，而 0 则是修补漏洞的小版本。

案例 添加头信息获取网页数据

扫码看视频

网络爬虫通过浏览器获取网页时，Python 默认浏览器为 Python-urllib，通过添加请求头，将浏览器修改为火狐浏览器，修改 IP 地址。

PyCharm 程序如下。

```
#! /usr/bin/env python3
# -*- coding: UTF-8 -*-
# 导入 Urllib 模块库
import urllib.request
import urllib.parse
# 字典形式定义头信息
# 修改浏览器类型
headers = {'User-Agent': "Mozilla/4.0(compatible; MSIE 5.5; Windows NT)"}
```

```
# 定义网址
url = 'https://www. httpbin. org/post'
# 通过构造的 Request 请求爬取网页
request = urllib. request. Request(url, headers =headers, method ='POST')
response = urllib. request. urlopen(request)
#显示网页数据
print('修改浏览器为火狐浏览器')
print(response. read(). decode('utf-8'))
#修改 IP 地址
req = urllib. request. Request(url =url, method ='POST')
#添加请求头信息
req. add_header('Host', 'httpbin. org')
resp = urllib. request. urlopen(req)
#显示网页数据
print('修改 IP 地址')
print(resp. read(). decode('utf-8'))
```

运行结果如下。

```
{
    "args": {},
    "data": "",
    "files": {},
    "form": {},
    "headers": {
        "Accept-Encoding": "identity",
        "Content-Length": "0",
        "Host": "www. httpbin. org",
        "User-Agent": "Mozilla/4.0(compatible; MSIE 5. 5; Windows NT)",
        "X-Amzn-Trace-Id": "Root =1-67622f57-663dafd53f0c29003ccc0cbd"
    },
    "json": null,
    "origin": "36. 156. 127. 180",
    "url": "https://www. httpbin. org/post"
}

修改 IP 地址
{
    "args": {},
    "data": "",
    "files": {},
    "form": {},
    "headers": {
        "Accept-Encoding": "identity",
        "Content-Length": "0",
```

```
        "Host": "httpbin. org",
        "User- Agent": "Python- urllib/3. 13",
        "X- Amzn- Trace- Id": "Root =1-67622f58-1395e1477f3b3ed06c1695da"
    },
    "json": null,
    "origin": "36. 156. 127. 180",
    "url": "https://httpbin. org/post"
}
```

3. 1. 4 Handler 方法发送请求

在使用 Python 网络爬虫模拟浏览器访问网页过程中，使用 Handler 方法可以处理更加复杂的页面，在发送请求时需要创建 Handler 处理器，Handler 处理器类似中央处理器的作用，中央处理器的功能主要是解释计算机指令及处理计算机软件中的数据。

在 urllib. request(请求模块)中，Handler 方法发送请求的步骤如图 3-6 所示。

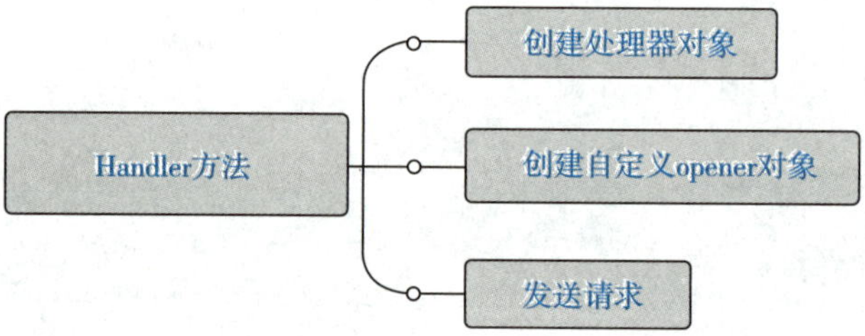

图 3-6 Handler 方法发送请求的步骤

1. 创建处理器对象

使用相关的 Handler 处理器创建特定功能的处理器对象，各种 Handler 类函数如下。

(1) ur1lib. request. BaseHandler：最基本的 Handler 的方法，是所有其他 Handler 的父类。HTTPSHandler( )表示没有任何特殊功能。其中，HTTPSHandler(debuglevel = 1)表示发送请求时，添加日志信息。

(2) HTTPDefaultErrorHandler：用于处理 HTTP 响应错误，错误都会显示 * HTTPError 类型的异常。

(3) HTTPRedirectHandler：用于处理重定向。

(4) HTTPCookieProcessor：用于处理 Cookie。

(5) ProxyHandler：用于设置代理，默认代理为空。

(6) ProxyBasicAuthHandler：密码管理器对象，用于私密代理。

(7) HTTPPasswordMgr：用于管理密码，它维护了用户名密码表。

(8) HTTPBasicAuthHandler：用于管理认证，如果一个链接打开时需要认证，那么可以用它来解决认证问题。

2. 创建自定义 opener 对象

通过 urllib. request. build_opener( ) 方法可以使用上述处理器对象，创建自定义 opener 对象。

3. 发送请求

创建了自定义的 opener 对象，使用 open( ) 方法发送请求。

案例　自定义 opener 对象

扫码看视频

使用 BaseHandler 方法创建自定义的处理器对象，发送请求。

PyCharm 程序如下。

```
#! /usr/bin/env python3
# -* - coding: UTF-8 -* -
# 导入模块库
import urllib. request
# 构建一个 HTTPHandler 处理器对象,支持处理 HTTP 请求
http_handler = urllib. request. HTTPHandler()
# 调用 urllib. build_opener()方法,创建支持处理 HTTP 请求的 opener 对象
opener = urllib. request. build_opener(http_handler)
# 构建 Request 请求
request = urllib. request. Request("http://www. taobao. com")
# 调用自定义 opener 对象的 open()方法,发送 request 请求
response = opener. open(request)
# 获取服务器响应内容
print(response. read(). decode('utf-8'))
```

运行结果如下。

```
<! DOCTYPE html>
<html lang =" zh- CN" >
<head>
  <meta charset ="utf- 8" />
  <meta http- equiv ="X- UA- Compatible" content ="IE =edge,chrome =1" />
  <meta name ="renderer" content ="webkit" />
  <title>淘宝网 - 淘! 我喜欢 </title>


  (info) => {
          if (info. message && info. message. indexOf("onLayoutChanged is not defined") > -1) {
              return true;
          }
      }
  ]);
}
```

```
</script>
</body>

</html>
```

3.1.5 设置代理 IP

访问代理 IP 之前需要先设置代理服务器。在 urllib 中，urllib. request. ProxyHandler 函数可动态地设置代理 IP，将代理 IP 以字典形式传入。字典参数 proxies 的键名为协议类型，如 HTTP、HTTPS，值是'ip：port'，对每个 ip 字典，其格式如下。

```
proxies =
{'http': 'http://127. 0. 0. 1:9743',
'https': 'https://127. 0. 0. 1:9743'}
```

urllib. reques. build_opener 函数利用代理服务器 Handler 对象，创建自定义的 opener 对象，并利用该对象的 open( ) 函数向服务器发送请求。

提示

urlopen( ) 函数向服务器发送请求时不使用自定义代理。

当用户传入 proxies 参数时，是通过标准库提供的 requests 类中的 getproxies( ) 函数获取系统代理服务器配置的。

```
from urllib. request import getproxies                    # 导入模块
print(getproxies())                                       # 获取系统代理服务器配置
```

案例 创建代理 IP

扫码看视频

在 37699 端口下创建 HTTP、HTTPS 代理服务，代理为 62. 99. 178. 46。

```
# /usr/bin/env python3
# -* - coding: UTF-8 -* -
# 导入模块
import urllib. request
url = 'https://www. httpbin. org/get'                     # 定义爬取的网址
data = urllib. request. urlopen(url)
print('* '* 10,'不使用代理','* '* 10)
print(data. read(). decode('utf-8'))
# 定义代理 IP
proxy = {'http':'http://62. 99. 178. 46:37699',
         'https':'https://62. 99. 178. 46:37699'}
proxies = urllib. request. ProxyHandler(proxy)            # 创建代理处理器
```

```
opener = urllib. request. build_opener(proxies)        # 创建 opener 对象
resp = opener. open(url)                               # 发送请求
print('*  '* 10, '使用代理', '*  '* 10)
print(resp. read(). decode('utf-8'))                   # 显示读取网页内容
```

运行结果如下。

```
********** 不使用代理 **********
{
  "args": {},
  "headers": {
    "Accept-Encoding": "identity",
    "Host": "www. httpbin. org",
    "User-Agent": "Python-urllib/3. 10",
    "X-Amzn-Trace-Id": "Root=1-62037055-5f310dd77e162ae727d61471"
  },
  "origin": "36. 155. 28. 21",
  "url": "https://www. httpbin. org/get"
}

********** 使用代理 **********
{
  "args": {},
  "headers": {
    "Accept-Encoding": "identity",
    "Host": "www. httpbin. org",
    "User-Agent": "Python-urllib/3. 10",
    "X-Amzn-Trace-Id": "Root=1-62037062-0c3ab5de284d3c042991ad74"
  },
  "origin": "62. 99. 178. 46",
  "url": "https://www. httpbin. org/get"
}
```

使用代理后，origin 字段变成使用的代理的 IP，表示代理成功。

提示

上面案例中参数 proxy 定义的是免费的代理 IP，存活时间较短，本书编写时可用，读者运行该案例时可能已经失效，运行后会显示下面的错误。

urllib. error. URLError：<urlopen error [WinError 10060] 由于连接方在一段时间后没有正确答复或连接的主机没有反应，连接尝试失败。>

如果失效，读者可以自行上网查找免费的代理 IP。

3.1.6 身份验证

Cookie 是某些网站为了辨别用户身份，进行 Session 跟踪而存储在用户本地终端上的数据。简单地说，就是指客户端用于记录用户身份、维持登录的信息，如账号和密码。

开源网络爬虫都支持在爬取时指定 Cookies，模拟登录主要是依靠 Cookies。Cookies 除了可以手动获取，还可以用 http 请求模拟登录，模拟浏览器自动登录获取 Cookie。

1. 模拟浏览器自动登录获取 Cookie

在 Python 语言中，http. CookieJar( ) 函数用于模拟登录获取浏览器的 Cookie，将 Cookie 存储在内存文件中。

从网页上设置的 Cookie 在浏览器关闭时会自动被清除设置，为了实现保存内容到本地，需要先创建 Cookie 文件，函数如表 3-2 所示。

表 3-2 函数

函数	说明
FileCookieJar(filename, delayload=None, policy=None)	创建 FileCookieJar 对象，检索 Cookie 信息并将 Cookie 存储到文件中。 filename 是存储 Cookie 的文件名。delayload 为 True 时，支持延迟访问文件，即只有在需要时才读取文件或在文件中存储数据
MozillaCookieJar(filename, delayload=None, policy=None)	创建与 Mozilla 浏览器 cookies. txt 兼容的 FileCookieJar 对象，存储 Cookie
LWPCookieJar(filename, delayload=None, policy=None)	创建与 libwww-perl 标准的 Set-Cookie3 文件格式兼容的 FileCookieJar 对象，存储 Cookie

HTTPCookieProcessor( ) 函数用于新建一个支持 Cookie 的 opener，用来处理 Cookie 值，再利用 open 方法发送带 Cookie 信息的请求。

案例1 获取网页 Cookie 信息

扫码看视频

通过 Handle 方法发送请求，获取 Cookie 信息。

PyCharm 程序如下。

```
#! /usr/bin/env python3
# -* - coding: UTF-8 -* -
# 导入模块
import http. cookiejar,urllib. request
# 创建 cookie 获取对象
cookie = http. cookiejar. CookieJar()

# 创建专门的 Handle 处理器对象,用于处理 Cookie
```

```
handler = urllib. request. HTTPCookieProcessor(cookie)
# 通过处理器对象创建 opener 对象
opener = urllib. request. build_opener(handler)
# 发送请求,爬取百度数据
response = opener. open("http://ww. baidu. com")
# 输出 cookie 数据
print('输出 cookie 数据')
for item in cookie:
    print(item. name + "=" + item. value)
```

运行结果如下。

```
输出 cookie 数据
BAIDUID =4DCA213F30BD091575072A7CC2A64C86:FG =1
BIDUPSID =4DCA213F30BD09150C124845C331DFE5
H_PS_PSSID =35838_35104_35489_34584_35491_35872_35801_35320_26350
PSTM =1645170231
BDSVRTM =0
BD_HOME =1
```

2. 保存 Cookie

Cookie 是一个保存在客户机中简单的文本文件，这个文件与特定的 Web 文档关联在一起，保存了该客户机访问这个 Web 文档时的信息，实现记录用户个人信息的功能。当客户机再次访问这个 Web 文档时，这些信息可供该文档使用。

cookiejar. save( ) 函数用来把 Cookic 数据保存到本地，其调用格式如下。

```
cookiejar. save(filename, ignore_discard =True, ignore_expires =True)
```

参数说明如下。

(1) filename：设置保存 Cookie 的文件名和路径。

(2) ignore_discard：默认为 False，当值为 True 时表示保存将被删除的 Cookie。

(3) ignore_expires：默认为 False，当值为 True 时表示保存过期的 Cookie。

案例2　保存百度 Cookie 文件

扫码看视频

通过 Handle 方法发送请求，爬取百度首页，创建与 Mozilla 浏览器兼容的文件，保存即将过期的 Cookie 信息。

PyCharm 程序如下。

```
#! /usr/bin/env python3
# -* - coding: UTF-8 -* -
# 导入模块
import http. cookiejar,urllib. request
# 创建 cookie 文件
```

```
filename = "D:/NewPython/cookie. txt"
# 获取 cookie 信息
cookie = http. cookiejar. MozillaCookieJar(filename)
# 创建专门的 Handle 处理器对象,用于处理 Cookie
handler = urllib. request. HTTPCookieProcessor(cookie)
# 通过处理器对象创建 opener 对象
opener = urllib. request. build_opener(handler)
# 发送请求,爬取百度数据
response = opener. open("http://ww. baidu. com")
# 保存 cookie 数据
cookie. save(ignore_discard =True, ignore_expires =True)
```

运行结果如图 3-7 所示。

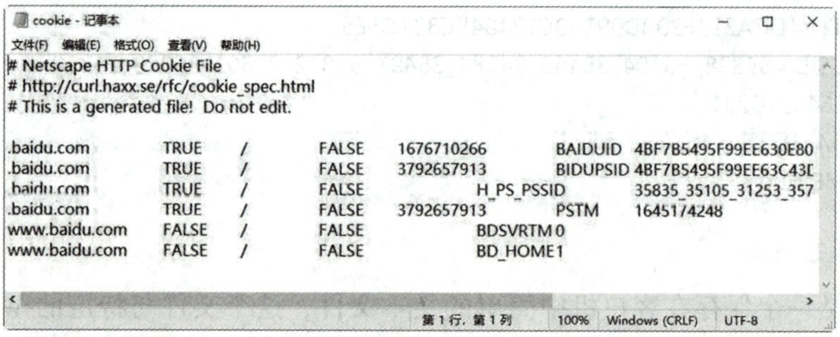


```
# Netscape HTTP Cookie File
# http://curl.haxx.se/rfc/cookie_spec.html
# This is a generated file!  Do not edit.

.baidu.com	TRUE	/	FALSE	1676710266	BAIDUID	4BF7B5495F99EE630E80
.baidu.com	TRUE	/	FALSE	3792657913	BIDUPSID	4BF7B5495F99EE63C43I
.baidu.com	TRUE	/	FALSE		H_PS_PSSID	35835_35105_31253_357
.baidu.com	TRUE	/	FALSE	3792657913	PSTM	1645174248
www.baidu.com	FALSE	/	FALSE		BDSVRTM	0
www.baidu.com	FALSE	/	FALSE		BD_HOME	1
```

图 3-7　保存百度 Cookie 文件案例的运行结果

3. 加载 Cookie

一个 Web 站点可能会为每个访问者产生一个唯一的 ID，然后以 Cookie 文件的形式保存在每个用户的机器上。在这个文件夹里每个文件都是一个由名/值对组成的文本文件。另外，还有一个文件保存所有对应的 Web 站点的信息。

cookiejar 的 load( )函数用于获取文件中的 Cookie，每个 Cookie 文件都是一个简单而又普通的文本文件。透过文件名，就可以看到是哪个 Web 站点在机器上放置了 Cookie。

案例3　加载淘宝 Cookie 信息

扫码看视频

通过 Handle 方法发送请求，爬取淘宝网的数据，加载即将过期的 Cookie 信息。

PyCharm 程序如下。

```
#! /usr/bin/env python3
# -* - coding: UTF-8 -* -
# 导入模块
import http. cookiejar,urllib. request
# 保存 cookie
# 创建 cookie 文件路径
```

```
filename = "D:/NewPython/taobao_cookie. txt"
# 获取 cookie 信息
cookie = http. cookiejar. LWPCookieJar(filename)
# 创建专门的 Handle 处理器对象,用于处理 Cookie
handler = urllib. request. HTTPCookieProcessor(cookie)
# 通过处理器对象创建 opener 对象
opener = urllib. request. build_opener(handler)
# 发送请求,爬取淘宝数据
response = opener. open("http://www. taobao. com")
# 保存过期的 cookie 数据
cookie. save(ignore_expires=True)
# 获取 cookie 信息
cookie = http. cookiejar. LWPCookieJar()
# 加载 cookie 数据
cookie. load(filename, ignore_expires=True)
# 创建专门的 Handle 处理器对象,用于处理 Cookie
handler = urllib. request. HTTPCookieProcessor(cookie)
# 通过处理器对象创建 opener 对象
opener = urllib. request. build_opener(handler)
# 发送请求,通过 cookie 数据爬取淘宝数据
response = opener. open("http://ww. taobao. com")
# 输出 cookie 数据
print('输出 cookie 数据')
for item in cookie:
    print(item. name+"="+item. value)
```

运行结果如下。

```
输出 cookie 数据
_samesite_flag_=true
_tb_token_=56efee1f305eb
cookie2=1770bd18f63f0da0f0a4e924baaac4fa
t=6bf044140d3d1b79c60e83ae02907709
thw=cn
XSRF-TOKEN=ba1be2c2-69eb-48af-9559-0ce1979d39e7
```

在 D：/NewPython 路径下打开 taobao_cookie. txt 文件，如图 3-8 所示。

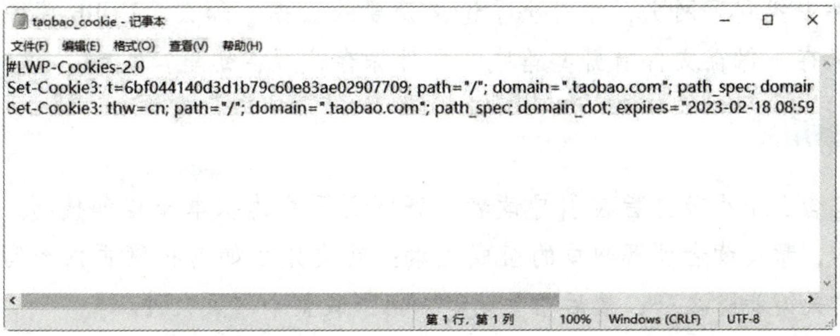

图 3-8　taobao_cookie. txt 文件

任务评价

评价内容	评价标准	分值/分	读者自评	教师评估
基本 HTTP 请求	熟悉基本请求函数	15		
Request 网络请求	能够发送 Request 网络请求获取数据	15		
设置请求头	能够添加头信息获取网页数据	15		
Handler 方法发送请求	熟悉 Handler 方法发送请求	15		
设置代理 IP	能够设置代理 IP	20		
身份验证	获取网页 Cookie 信息	20		
总分		100		

任务 2　网页下载

任务描述

小白写的论文需要统计各城市 2023 年的天气数据，查询网页数据作为基础数据。论文经过几次修改后，老师最后提出意见，小白的数据不够全面，需要给出各城市 5 年内的天气数据。小白已经找不到当时查询数据的网页。最后在利用 Python 爬取数据时下载的文件中找到了网页，才补全了论文需要的数据。那么，Urllib 库中哪些函数可以实现网页保存？保存文件有哪些格式？文件保存位置在哪里？

任务分析

本任务包含 3 个小节，旨在引导读者了解网页下载的基本流程和技巧。首先介绍网页的基本结构，帮助读者理解网页的组成元素；其次介绍如何将网页内容写入文件，这是网页下载的关键步骤之一；最后指导读者如何下载整个网页文件。

任务重点与实施

网页是一个包含 HTML 标签的纯文本文件，它可以存放在世界某个角落的某一台计算机中，是万维网中的一“页”，是 HTML 格式，是标准通用标记语言的一个应用，文件扩展名为 . html 或 . htm。网页下载是网络爬虫的目的。

3.2.1　网页结构

网页一般由 3 个部分组成，分别是 HTML、CSS 和 JScript。

1. HTML

HTML 是整个网页的结构，相当于整个网站的框架。带“<”“>”符号的都属于 HTML 标签，并且标签都是成对出现的。常见的标签如下。

(1) <html>…</html>表示标记中间的元素是网页。

(2) <body>…</body>表示用户可见的内容。

(3) <div>…</div>表示框架。

(4) <p>…</p>表示段落。

(5) <li>…</li>表示列表。

(6) <img>…</img>表示图片。

(7) <h1>…</h1>表示标题。

(8) <a href=" ">…</a>表示超链接。

2. CSS

CSS 是层叠样式表，表示网页样式，在 CSS 中定义了外观。

3. JScript

JScript 是活动脚本语言，表示网页功能。交互的内容和各种特效都在 JScript 中，JScript 描述了网站中的各种功能

3.2.2　写入网页文件

解析网页数据后就需要存储数据，数据保存的形式有很多，最简单的形式是直接保存为文本文件，如 TXT、JSON、CSV 等。另外，还可以将这些数据保存到数据库中。

在 Python 语言中，open( ) 函数用来新建文件、保存网页信息。若文件存在，则以文本格式打开该文件；若文件不存在，则自动创建一个空白的文本文件。如果 open( ) 函数无法打开文件，则显示 OSError。open( ) 函数的使用格式如表 3-3 所示。

表 3-3 open( )函数的使用格式

命令格式	说明
open(file, mode='r')	文件名为 file，打开模式为 mode，创建的文件默认以只读方式打开
open (file, mode = ' r ', buffering = - 1, encoding = None, errors=None, newline=None, closefd=True, opener=None)	file：必需，文件路径(相对或绝对路径) mode：文件打开模式，w 表示新建或打开一个文件只用于写入，w+ 表示打开一个文件用于读写，wb 表示以二进制格式打开一个文件只用于写入 buffering：设置缓冲 encoding：一般使用 utf-8 errors：报错级别 newline：区分换行符 closefd：传入的 file 参数类型 opener：设置自定义开启器，开启器的返回值必须是一个打开的文件描述符

打开文件后，需要及时关闭文件，否则可能引起不必要的问题。如果打开的文件显示异常，那么文件将不能被正常关闭。在 Python 语言中，close( )函数用于关闭一个或所有打开的文件，该函数的调用格式如下。

```
fileObject. close()
```

在 Python 语言中，write( )函数可以将 html 数据写入文件，该函数的调用格式如下。

```
fileObject. write([ str ])
```

fileObject 为要打开的文件对象，str 为要写入文件的字符串。

文件写入动作还有一种简化写法，就是使用 with as 语法，在 with 控制块结束时，文件会自动关闭，所以就不需要再调用 close( )方法了。

```
with open(filename, 'a', encoding =' utf- 8') as file:
file. write(data)
```

案例 下载微信公众平台网页文件

微信公众平台的网址为 https：//mp. weixin. qq. com/，如图 3-9 所示。发送 HTTP 请求，下载网页数据，保存为 TXT 文件。TXT 文本的操作非常简单，且其几乎兼容任何平台，但是它有个缺点，即不利于检索。

扫码看视频

图 3-9　微信公众平台

PyCharm 程序如下。

```
#! /usr/bin/env python3
# -*- coding: UTF-8 -*-
import urllib. request                          # 导入 urllib. request 模块
url = 'http://mp. weixin. qq. com/'             # 定义需要抓取的网址
html = urllib. request. urlopen(url). read()    # 读取网页信息
# 在 TXT 文件中写入网页信息
with open('D:/NewPython/网页/test. txt','wb') as f:
    f. write(html)
```

运行之后，在对应路径下显示 TXT 文件，如图 3-10 所示。

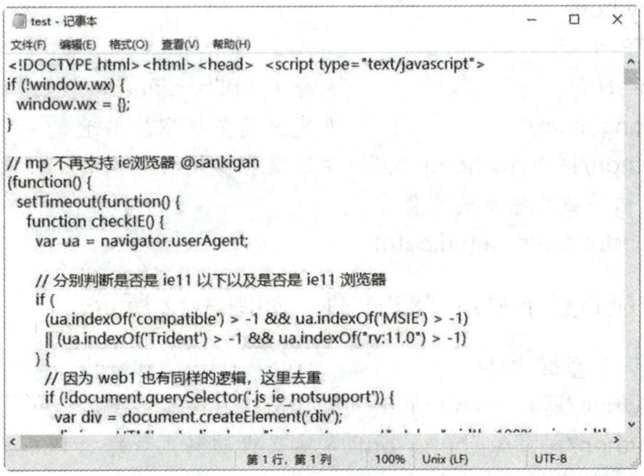

图 3-10　TXT 文件

3.2.3　网页文件下载

urlretrieve( ) 函数将 url 指定的 html 文件下载到本地的硬盘中，该函数返回一个二元组(filename，mine_hdrs)，该命令的调用格式如下。

```
urllib. request. urlretrieve(url[,filename[,reporthook[,data]]])
```

(1)url：指定要下载网页的网址。

(2)filename：指定保存到本地的路径。

(3)reporthook：回调函数，当连接上服务器及相应的数据块传输完毕时会触发该回调。

案例1 下载图虫网网页文件

扫码看视频

图虫网是优质摄影师交流社区，网址为 https：//tuchong. com/，如图 3-11 所示，下载该网页数据，保存为指定格式的文件。

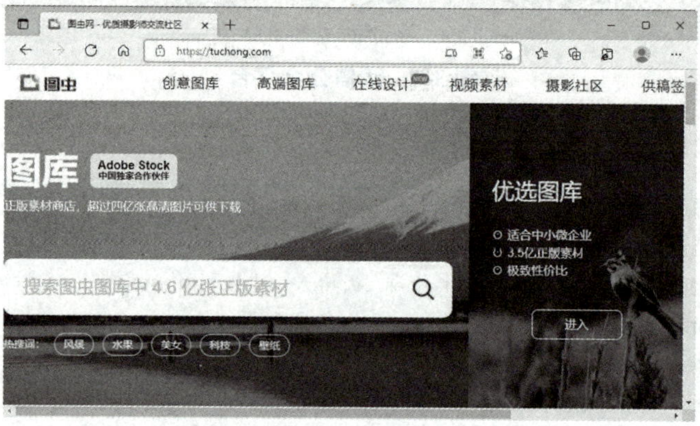

图 3-11 图虫网

PyCharm 程序如下。

```
#! /usr/bin/env python3
# -* - coding: UTF-8 -* -
import urllib. request                          # 导入 urllib. request 模块
url ="https://tuchong. com/"                    # 定义需要抓取的网址
path ="D:/NewPython/网页/tuchong. txt"          # 定义存储网页数据的 TXT 文件路径
# 将指定的网页数据下载到指定的文件中
data = urllib. request. urlretrieve(url,path)
```

运行之后，在对应路径下显示 TXT 文件，如图 3-12 所示。

```
# filename 指定不同类型的文件
path1 ="D:/NewPython/网页/tuchong. html"# 定义存储网页数据的 html 文件路径
path2 ="D:/NewPython/网页/tuchong. pdf" # 定义存储网页数据的 PDF 文件路径
# 将网页数据下载到不同格式的文件中
data1 = urllib. request. urlretrieve(url, path1)
data2 = urllib. request. urlretrieve(url, path2)
```

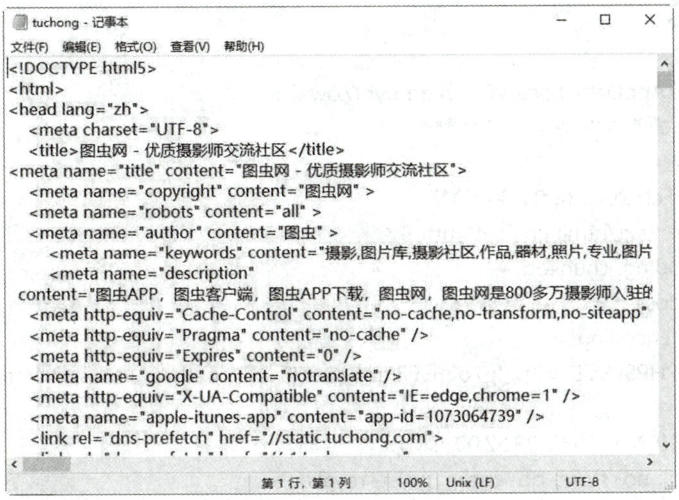

```
tuchong - 记事本
文件(F) 编辑(E) 格式(O) 查看(V) 帮助(H)
<!DOCTYPE html5>
<html>
<head lang="zh">
  <meta charset="UTF-8">
  <title>图虫网 - 优质摄影师交流社区</title>
<meta name="title" content="图虫网 - 优质摄影师交流社区">
  <meta name="copyright" content="图虫网" >
  <meta name="robots" content="all" >
  <meta name="author" content="图虫" >
    <meta name="keywords" content="摄影,图片库,摄影社区,作品,器材,照片,专业,图片
    <meta name="description"
 content="图虫APP，图虫客户端，图虫APP下载，图虫网，图虫网是800多万摄影师入驻的
  <meta http-equiv="Cache-Control" content="no-cache,no-transform,no-siteapp"
  <meta http-equiv="Pragma" content="no-cache" />
  <meta http-equiv="Expires" content="0" />
  <meta name="google" content="notranslate" />
  <meta http-equiv="X-UA-Compatible" content="IE=edge,chrome=1" />
  <meta name="apple-itunes-app" content="app-id=1073064739" />
  <link rel="dns-prefetch" href="//static.tuchong.com">
第 1 行，第 1 列　100%　Unix (LF)　UTF-8
```

图 3-12　TXT 文件

运行之后，在对应路径下创建 HTML、PDF 文件，如图 3-13 所示。

名称	修改日期	类型	大小
tuchong	2022/2/12 13:47	Microsoft Edge HTML Document	74 KB
tuchong	2022/2/12 13:47	Microsoft Edge PDF Document	69 KB
tuchong	2022/2/12 13:46	文本文档	74 KB

图 3-13　HTML、PDF 文件

案例2　缓存临时文件

利用 urlretrieve( ) 函数下载网页时，如果不指定 filename 参数，那么下载的网页数据会存为临时文件，缓存的临时文件名称随机产生。

扫码看视频

PyCharm 程序如下。

```
#! /usr/bin/env python3
# -* - coding: UTF-8 -* -
import urllib. request                    # 导入 urllib. request 模块
url = 'https://mp. weixin. qq. com/'      # 定义需要抓取的网址
# 将指定的网页数据下载到指定的文件中
data = urllib. request. urlretrieve(url)
print('缓存文件类型', type(data), sep ='\n')
print('缓存文件路径', data[0], sep ='\n')
print("* "* 10, '缓存文件内容', "* "* 10)
print(data[1])
```

运行之后，在对应路径下显示 TXT 文件。

```
缓存文件类型
```

```
<class 'tuple'>
缓存文件路径
C:\Users\yan\AppData\Local\Temp\tmpynt7ows2
**********  缓存文件内容 **********
Server: nginx
Date: Sat, 12 Feb 2022 06:17:06 GMT
Content-Type: text/html; charset=utf-8
Transfer-Encoding: chunked
Connection: close
Vary: Accept-Encoding
Set-Cookie: PHPSESSID=2p5lp7d76vfj8km5p2cr79ver1; path=/; domain=.tuchong.com; HttpOnly
Expires: Thu, 19 Nov 1981 08:52:00 GMT
Cache-Control: no-store, no-cache, must-revalidate
Pragma: no-cache
Set-Cookie: webp_enabled=0; expires=Mon, 14-Mar-2022 06:17:05 GMT; Max-Age=2592000; path=/; domain=tuchong.com
Set-Cookie: lang=zh; expires=Mon, 14-Mar-2022 06:17:06 GMT; Max-Age=2592000; path=/; domain=.tuchong.com; HttpOnly
X-Frame-Options: SAMEORIGIN
X-Xss-Protection: 1; mode=block
X-Content-Type-Options: nosniff
server-timing: inner; dur=287
x-tt-trace-host: 01963005bd66e59745eb74703145b1e833c64004ac27bba57792204acef17a9f0a98976e275f53578e067bceaba7a303dab97c7e38c3ca8b6181de88b67a9c6655a9c035273f33a9d3d942942ee56a580c
x-tt-trace-tag: id=00;cdn-cache=miss
```

一般在浏览网页、下载网页时会产生大量的临时缓存文件，这些临时缓存文件会占据空间，影响浏览的体验感受。

使用网络爬虫爬取数据也不例外，使用 urllib.request.urlretrieve()函数下载网页文件，不可避免地会产生临时文件。为了加快浏览速度，需要清除缓存的临时文件。使用 urllib.request.urlcleanup()函数清除缓存文件，程序如下。

```
import urllib.request              # 导入模块
urllib.request.urlcleanup()
```

任务评价

评价内容	评价标准	分值/分	读者自评	教师评估
网页结构	熟悉网页结构的组成	30		
写入网页文件	能够下载网页上的图片	30		

（续表）

评价内容	评价标准	分值/分	读者自评	教师评估
网页文件下载	能够进行网页文件下载	40		
总分		100		

项 目 小 结

本项目主要介绍了 Python 的 Urllib 请求模块库的应用。首先介绍了使用 Urllib 进行 HTTP 请求的发送；其次介绍了设置请求头和处理响应数据；最后介绍了利用 Urllib 下载网页内容并保存到本地文件系统。通过本项目的学习，提升读者在真实工作环境中所需的技能，为未来的职业发展打下了坚实的基础。

项 目 实 战

实战一　下载 Python 学习网址

小白在知乎上搜索 Python 的安装方法，网址：https：//zhuanlan. zhihu. com/p/111168324？from_voters_page＝true，利用网络爬虫下载该文档，在课余时间进行自主学习。

（1）使用 urllib. request. urlopen 发送基本请求。

```
#! /usr/bin/env python3
# -* - coding: UTF-8 -* -
import urllib. request      # 导入 urllib. request 模块
url ="https://zhuanlan. zhihu. com/p/111168324? from_voters_page=true"
                                                  # 定义需要抓取的网址
#! /usr/bin/env python3
# -* - coding: UTF-8 -* -
import urllib. request      # 导入 urllib. request 模块
url ="https://zhuanlan. zhihu. com/p/111168324? from_voters_page=true"
                                                  # 定义需要抓取的网址
response = urllib. request. urlopen(url)
if  response. status == 200:     # 显示发送请求状态码
    print('发送请求成功')
  # 返回文件信息，对于 HTTP，返回的是响应报文中的报文头
    print(response. info())

else:#显示网页状态码
    print('发送请求失败')
```

运行结果如下。

```
发送请求成功
Server: CLOUD ELB 1. 0. 0
```

```
Date: Fri, 04 Mar 2022 03:41:32 GMT
Content-Type: text/html; charset=utf-8
Vary: Accept-Encoding
Vary: Accept-Encoding
Vary: Accept-Encoding
set-cookie: _zap=e14cc40d-858f-4446-9c47-398f4e5c505e; path=/; expires=Sun, 03 Mar 2024 03:41:32 GMT; domain=.zhihu.com
set-cookie: _xsrf=7eb1ac99-8354-4e8c-9e97-f857ba3f05a5; path=/; domain=.zhihu.com
set-cookie: d_c0="ASBeN9nUlBSPTsAaylWkbT17C5EL3Y2Qw98=|1646365292"; Domain=zhihu.com; expires=Mon, 03 Mar 2025 03:41:32 GMT; Path=/
content-security-policy: default-src * blob:; img-src * data: blob: resource: t.captcha.qq.com cstaticdun.126.net necaptcha.nosdn.127.net; connect-src * wss: blob: resource:; frame-src 'self' *.zhihu.com mailto: tel: weixin: *.vzuu.com mo.m.taobao.com getpocket.com note.youdao.com safari-extension://com.evernote.safari.clipper-Q79WDW8YH9 mtt: zhihujs: captcha.guard.qcloud.com pos.baidu.com dup.baidustatic.com openapi.baidu.com wappass.baidu.com passport.baidu.com *.cme.qcloud.com vs-cdn.tencent-cloud.com t.captcha.qq.com c.dun.163.com; script-src 'self' blob: *.zhihu.com g.alicdn.com qzonestyle.gtimg.cn res.wx.qq.com open.mobile.qq.com 'unsafe-eval' unpkg.zhimg.com unicom.zhimg.com resource: captcha.gtimg.com captcha.guard.qcloud.com pagead2.googlesyndication.com cpro.baidustatic.com pos.baidu.com dup.baidustatic.com i.hao61.net jsapi.qq.com 'nonce-8eb4e14d-69ba-42d6-bd7c-8657f57f81df' hm.baidu.com zz.bdstatic.com b.bdstatic.com imgcache.qq.com vs-cdn.tencent-cloud.com www.mangren.com www.yunmd.net zhihu.govwza.cn ssl.captcha.qq.com t.captcha.qq.com cstaticdun.126.net c.dun.163.com ac.dun.163.com/ acstatic-dun.126.net; style-src 'self' 'unsafe-inline' *.zhihu.com unicom.zhimg.com resource: captcha.gtimg.com www.mangren.com ssl.captcha.qq.com t.captcha.qq.com cstaticdun.126.net c.dun.163.com ac.dun.163.com/ acstatic-dun.126.net
x-content-security-policy: default-src * blob:; img-src * data: blob: resource: t.captcha.qq.com cstaticdun.126.net necaptcha.nosdn.127.net; connect-src * wss: blob: resource:; frame-src 'self' *.zhihu.com mailto: tel: weixin: *.vzuu.com mo.m.taobao.com getpocket.com note.youdao.com safari-extension://com.evernote.safari.clipper-Q79WDW8YH9
mtt: zhihujs: captcha.guard.qcloud.com pos.baidu.com dup.baidustatic.com openapi.baidu.com wappass.baidu.com passport.baidu.com *.cme.qcloud.com vs-cdn.tencent-cloud.com t.captcha.qq.com c.dun.163.com; script-src 'self' blob: *.zhihu.com g.alicdn.com qzonestyle.gtimg.cn res.wx.qq.com open.mobile.qq.com 'unsafe-eval' unpkg.zhimg.com unicom.zhimg.com resource: captcha.gtimg.com captcha.guard.qcloud.com pagead2.googlesyndication.com cpro.baidustatic.com pos.baidu.com dup.baidustatic.com i.hao61.net jsapi.qq.com 'nonce-8eb4e14d-69ba-42d6-bd7c-8657f57f81df' hm.baidu.com zz.bdstatic.com b.bdstatic.com imgcache.qq.com vs-cdn.tencent-cloud.com www.mangren.com www.yunmd.net zhihu.govwza.cn ssl.captcha.qq.com t.captcha.qq.com cstaticdun.126.net c.dun.163.com ac.dun.163.com/ acstatic-dun.126.net; style-src 'self' 'unsafe-inline' *.zhihu.com unicom.zhimg.com resource: captcha.gtimg.com www.mangren.com ssl.captcha.qq.com t.captcha.qq.com cstaticdun.126.net c.dun.163.com ac.dun.163.com/ acstatic-dun.126.net
```

```
x-webkit-csp: default-src * blob:; img-src * data: blob: resource: t.captcha.qq.com cstaticdun.126.net necaptcha.nosdn.127.net; connect-src * wss: blob: resource:; frame-src 'self' *.zhihu.com mailto: tel: weixin: *.vzuu.com mo.m.taobao.com getpocket.com note.youdao.com safari-extension://com.evernote.safari.clipper-Q79WDW8YH9 mtt: zhihujs: captcha.guard.qcloud.com pos.baidu.com dup.baidustatic.com openapi.baidu.com

wappass.baidu.com passport.baidu.com *.cme.qcloud.com vs-cdn.tencent-cloud.com t.captcha.qq.com c.dun.163.com; script-src 'self' blob: *.zhihu.com g.alicdn.com qzonestyle.gtimg.cn res.wx.qq.com open.mobile.qq.com 'unsafe-eval' unpkg.zhimg.com unicom.zhimg.com resource: captcha.gtimg.com captcha.guard.qcloud.com pagead2.googlesyndication.com cpro.baidustatic.com pos.baidu.com dup.baidustatic.com i.hao61.net jsapi.qq.com 'nonce-8eb4e14d-69ba-42d6-bd7c-8657f57f81df' hm.baidu.com zz.bdstatic.com b.bdstatic.com imgcache.qq.com vs-cdn.tencent-cloud.com www.mangren.com www.yunmd.net zhihu.govwza.cn ssl.captcha.qq.com t.captcha.qq.com cstaticdun.126.net c.dun.163.com ac.dun.163.com/ acstatic-dun.126.net; style-src 'self' 'unsafe-inline' *.zhihu.com unicom.zhimg.com resource: captcha.gtimg.com www.mangren.com ssl.captcha.qq.com t.captcha.qq.com cstaticdun.126.net c.dun.163.com ac.dun.163.com/ acstatic-dun.126.net
x-frame-options: SAMEORIGIN
strict-transport-security: max-age=15552000; includeSubDomains
surrogate-control: no-store
pragma: no-cache
expires: 0
x-content-type-options: nosniff
x-xss-protection: 1; mode=block
X-Backend-Response: 0.127
Referrer-Policy: no-referrer-when-downgrade
X-SecNG-Response: 0.13199996948242
x-lb-timing: 0.133
x-idc-id: 2
Set-Cookie: KLBRSID=9d75f80756f65c61b0a50d80b4ca9b13|1646365292|1646365292; Path=/
X-Cache-Lookup: Cache Miss
Cache-Control: must-revalidate, proxy-revalidate, no-cache, no-store
Content-Length: 174983
X-NWS-LOG-UUID: 10102166770542559194
Connection: close
X-Cache-Lookup: Cache Miss
x-edge-timing: 0.150
x-cdn-provider: tencent
```

(2)将爬取的网页数据下载到指定的文件中。

```
path ="D:/NewPython/网页/zhihupy.txt"     # 定义存储网页数据的 TXT 文件路径
# 将指定的网页数据下载到指定的文件中
data = urllib.request.urlretrieve(url,path)
```

运行之后，在对应路径下显示 TXT 文件，如图 3-14 所示。

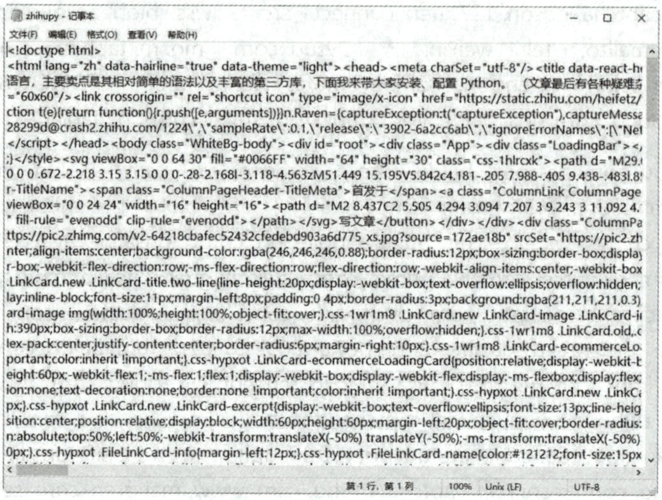

图 3-14 TXT 文件

```
path1 ="D:/NewPython/网页/zhihupy. html"       # 定义存储网页数据的 HTML 文件路径
# 将网页数据下载到不同格式的文件中
data1 = urllib. request. urlretrieve(url,path1)
```

运行之后，在对应路径下创建 HTML 文件，如图 3-15 所示。

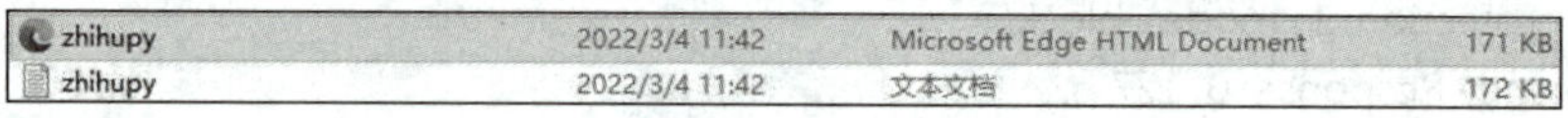

图 3-15 HTML 文件

双击 HTML 文件即可在浏览器中打开该网页。

实战二 下载公司网页 HTML 文件

石家庄××××文化传播有限公司的网址为 http://www. sjz××××. com/，发送 HTTP 请求，保存网页信息。

（1）读取网页信息。

```
#! /usr/bin/env python3
# -* - coding: UTF-8 -* -
import urllib. request                              # 导入 urllib. request 模块
url = 'http://www. sjz××××. com/'                   # 定义需要抓取的网址
html_file = urllib. request. urlopen(url). read()   # 读取网页信息
```

（2）下载 HTML 文件。

```
path = open('D:/NewPython/网页/××××. html','wb')    # 以写入二进制的方式创建文件
path. write(html_file)                              # 在文件中写入爬下的网页信息
path. close()                                       # 关闭文件
```

运行之后，在对应路径下的文件结果如图 3-16 所示。

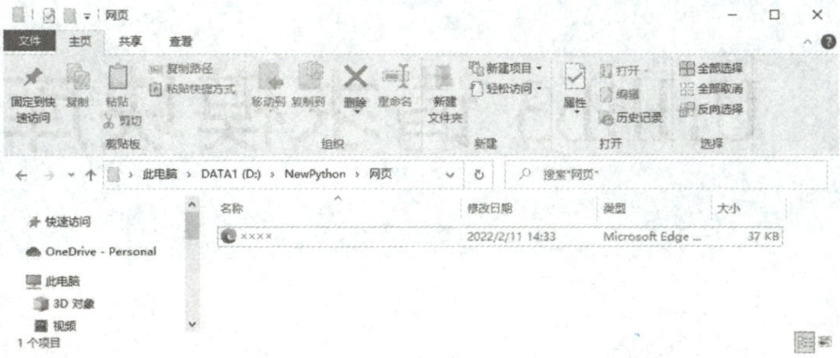

图 3-16　对应路径下的文件结果

打开爬取的网页文件，如图 3-17 所示。

图 3-17　打开网页文件

项目4　Urllib3 请求模块库的应用

项目导读

Urllib3 是一个功能强大、条理清晰、用于 HTTP 客户端的 Python 库，许多 Python 的原生系统已经开始使用 Urllib3。

学习目标

◆ 知识目标

1. 学会 Urllib3 的安装方法与加载方法。
2. 熟练掌握 Urllib3 发送请求函数的用法。
3. 掌握 Urllib3 模块库中的函数与 Urllib 中的函数用法的区别。
4. 掌握自动重试发送网页请求过程。

◆ 技能目标

1. 能够发送不同类型的 HTTP 请求，获取响应数据。
2. 能够设置代理 IP。

◆ 素质目标

1. 引导读者树立正确的"价值观"，塑造良好人格。
2. 引导读者直面困难，学会解决问题。

◆ 思政目标

1. 培养读者持续学习习惯，树立终身学习的观念。
2. 培养读者团队合作精神，在工作中注重团结协作，真诚待人。

任务 1　安装 Urllib3 请求模块库

任务描述

小白问老师："我自己浏览网页，可以手动将数据保存下来，为什么要写个程序去爬取数据呢?"老师说："很简单，网络爬虫不但能够模仿用户浏览网页，并将所想要的页面中的信息保存下来，还能够在短时间内访问成千上万的页面，并且在短时间内将海量数据保存下来，这速度可远远超越了人工手动浏览网页的速度。你没感觉到网络爬虫的好处，代表你学习的只是基本内容，还需要学习高级应用。"那么，Python 中还有哪些高级功能模块？要如何实现这些功能呢？

任务分析

本任务主要介绍安装 Urllib3 请求模块库，首先需要确保下载和安装 Anaconda 以及验证其安装结果；其次安装 Urllib3 模块库。

任务重点与实施

Urllib3 模块库是一个用于 HTTP 客户端的 Python 第三方库，Urllib3 模块库功能非常强大，使用却十分简单。安装 Urllib3 模块库有两种方法，即使用 pip 工具和 Anaconda3 工具。

4.1.1　安装 Anacconda

Anaconda 是一个专门用于统计和机器学习的 IDE，它集成了 Python 和许多基础的库，直接安装 Anaconda，可省去许多复杂的配置过程。

1. 下载

登录 Anaconda 官网：https：//www.anaconda.com/products/individual#macos，如图 4-1 所示，单击"Download"按钮，下载"Anaconda3-2021.11-Windows-x86_64.exe"安装文件。

2. 安装

(1)双击安装文件"Anaconda3-2021.11-Windows-x86_64.exe"，弹出"Anaconda3 2021.11(64-bit) Setup"对话框中的安装界面"Welcome to Anaconda3 2021.11(64-bit) Setup"，如图 4-2 所示。

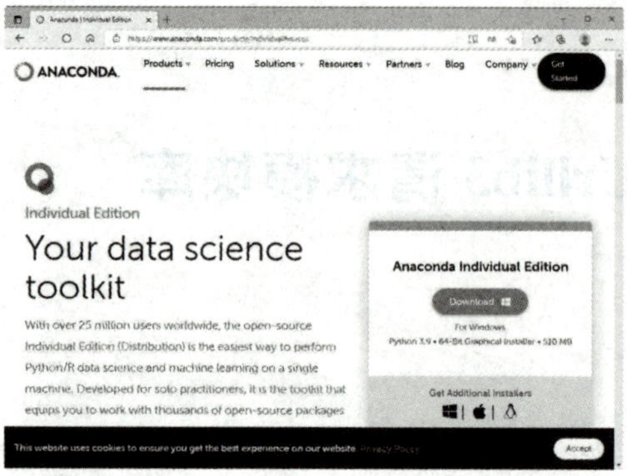

图 4-1　Anaconda 官网下载

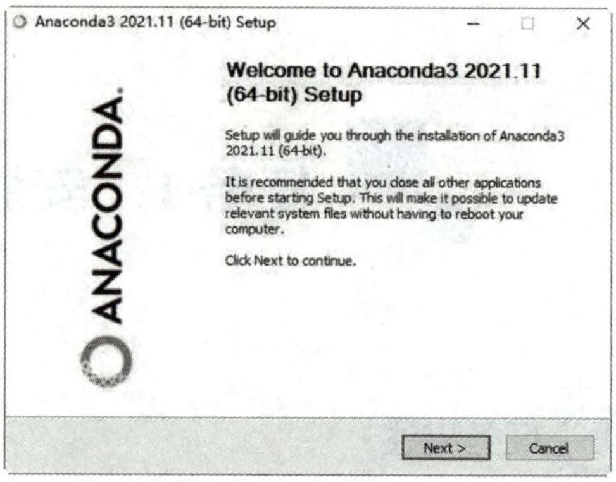

图 4-2　安装界面

(2)单击"Next"按钮，弹出"Anaconda3 2021.11(64-bit) Setup"对话框中的安装协议界面"License Agreement"，如图 4-3 所示。

(3)单击"I Agree"(同意安装)按钮，弹出选择安装类型界面"Select Installation Type"，如图 4-4 所示。

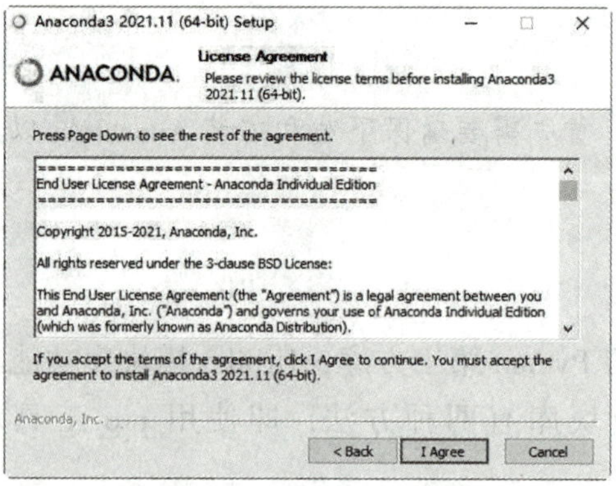

图 4-3　安装协议界面

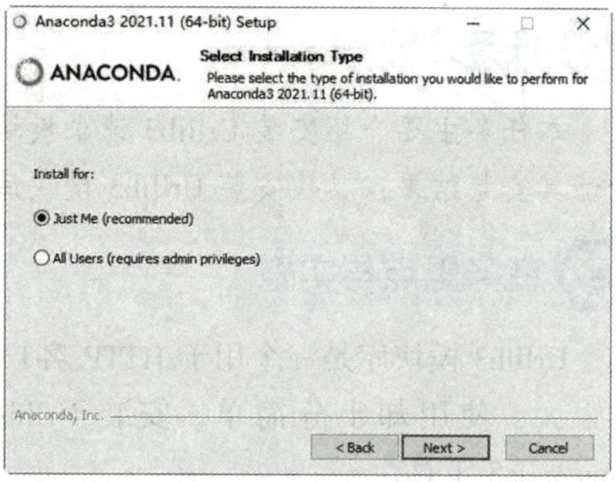

图 4-4　选择安装类型界面

(4)选中"Just Me(recommended)"单选按钮，为"我"这个用户安装，单击"Next"按钮，进入选择安装位置界面"Choose Install Location"。系统默认 Anaconda 的安装位置为 C：\Users\yan\anaconda3，用户可以通过单击"Browse"(搜索)按钮来自定义其安装位置，如图 4-5 所示。目标路径中不能含有空格，同时不能是"unicode"编码。

(5)确定好安装位置后，单击"Next"按钮，弹出安装选项设置界面"Advanced Installation Options"，取消勾选"Add Anaconda3 to my PATH environment variable"(添加 Anaconda3 至 PATH 环境变量)复选框，否则，会影响其他程序的使用。默认勾选"Register Anaconda3 as my default Python 3.9"复选框，如图 4-6 所示。

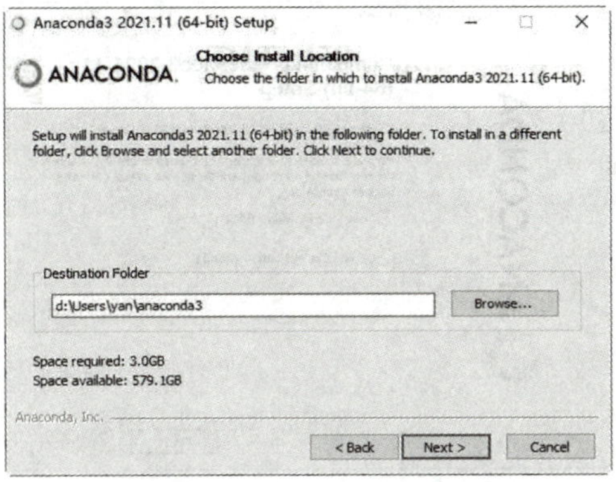

图 4-5　选择安装位置界面

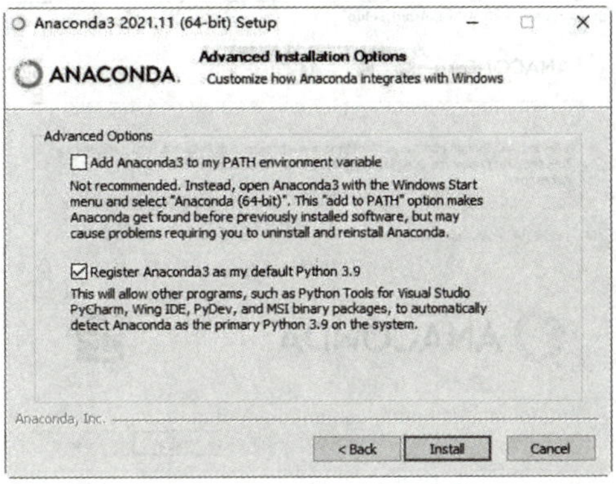

图 4-6　安装选项设置界面

（6）单击“Install”按钮，进入安装界面“Installing”，开始安装，如图 4-7 所示。单击“Show details”按钮可以查看安装细节。由于系统需要复制大量文件，所以需要等待几分钟。安装结束后会出现安装完成界面“Installation Complete”，如图 4-8 所示。

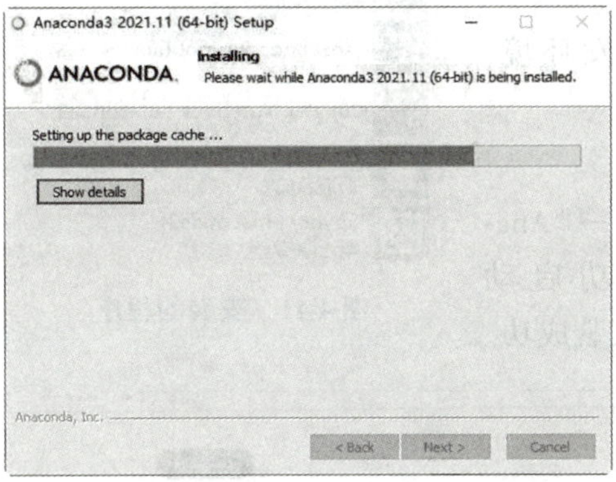

图 4-7　安装界面

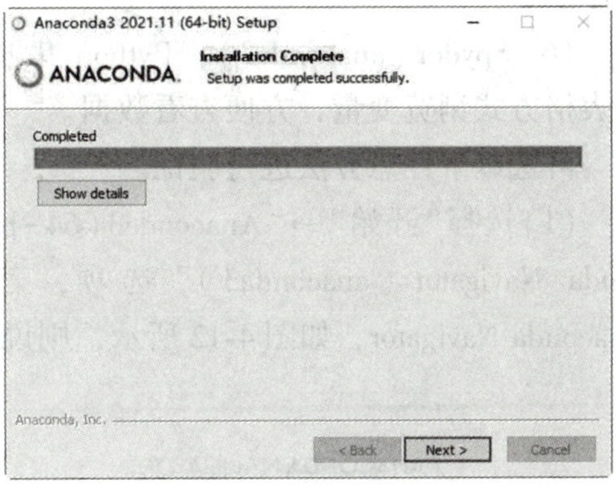

图 4-8　安装完成界面

（7）单击“Next”按钮，进入安装信息显示界面“Anaconda3 2021.11(64-bit)”，如图 4-9 所示。继续单击“Next”按钮，进入安装完成界面“Completing Anaconda3 2021.11（64-bit）Setup”，显示“Thank you for installing Anaconda Individual Edition.”信息，表示安装成功。取消勾选“Anaconda Individual Edition Tutorial”和“Getting Started with Anaconda”复选框，如图 4-10 所示，单击“Finish”按钮，完成安装。

3. 验证安装结果

安装完成后，在“开始”菜单中的“Anaconda3(64-bit)”选项下显示安装后的 6 个图标，如图 4-11 所示。

（1）Anaconda Navigator(anaconda3)：用于管理工具包和环境的图形用户界面程序。

（2）Anaconda Powershell Prompt(anaconda3)：Anaconda3 命令提示符窗口。

（3）Anaconda Prompt(anaconda3)：Anaconda3 命令提示符窗口安装、卸载及更新包等程序。

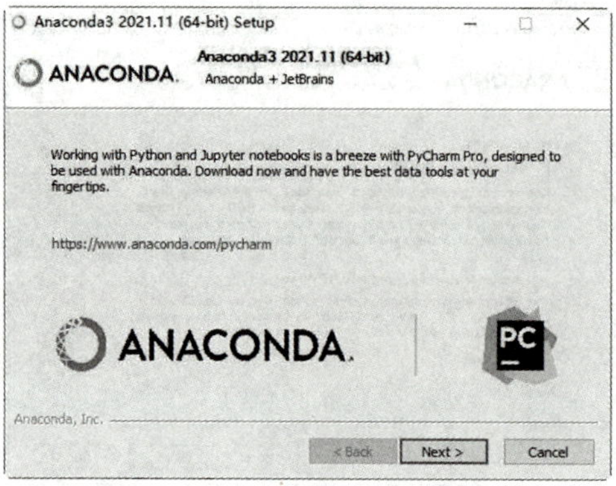

图 4-9　安装信息显示界面

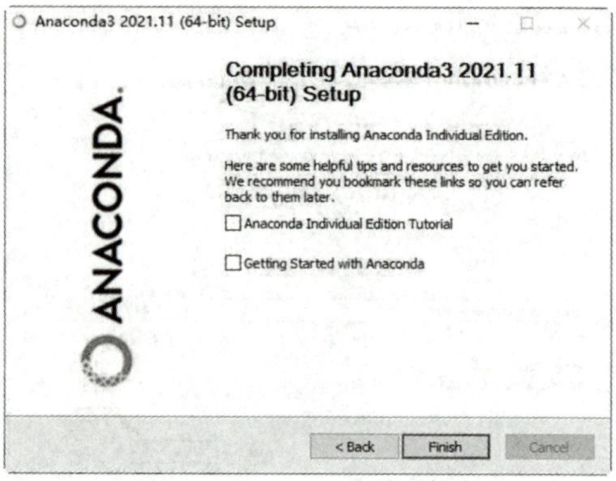

图 4-10　安装完成界面

(4) Jupyter Notebook(anaconda3)：交互式开发工具，是基于 Web 的交互式 Python 开发环境。

(5) Reset Spyder Settings(anaconda3)：重置 Spyder 程序。

(6) Spyder(anaconda3)：Python 集成开发环境，以表格方式浏览变量，方便查看数据。

可选以下任意方法进行验证。

(1) 选择"开始"→"Anaconda3(64-bit)"→"Anaconda Navigator(anaconda3)"选项，若成功启动 Anaconda Navigator，如图 4-12 所示，则说明安装成功。

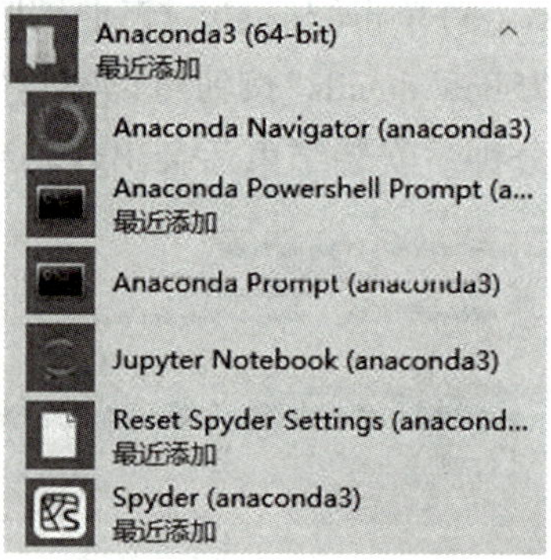

图 4-11　安装的程序

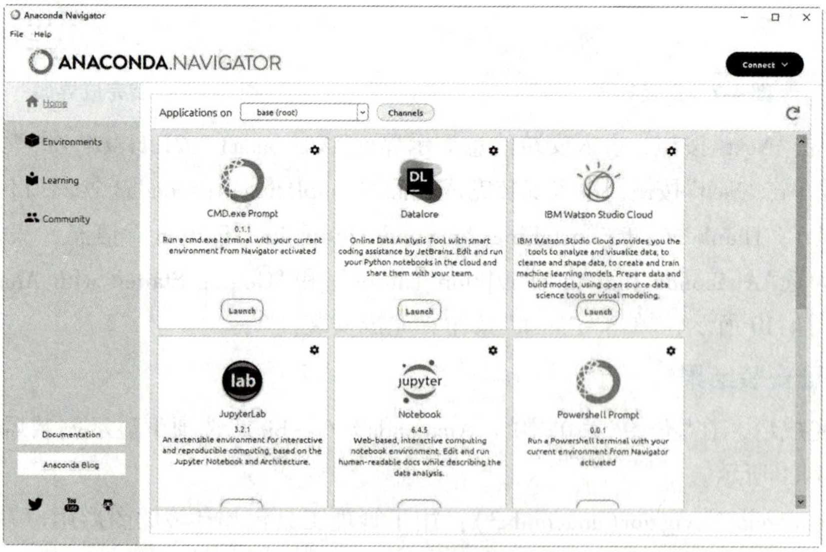

图 4-12　启动 Anaconda Navigator

(2)选择“开始”→“Anaconda3(64-bit)”选项，右击“Anaconda Prompt”选项，在弹出的快捷菜单中选择“以管理员身份运行”命令，弹出 Anaconda Prompt 命令提示符窗口，输入“conda list”，可以查看已经安装的包名和版本号，如图 4-13 所示。若结果正常显示，则说明安装成功。

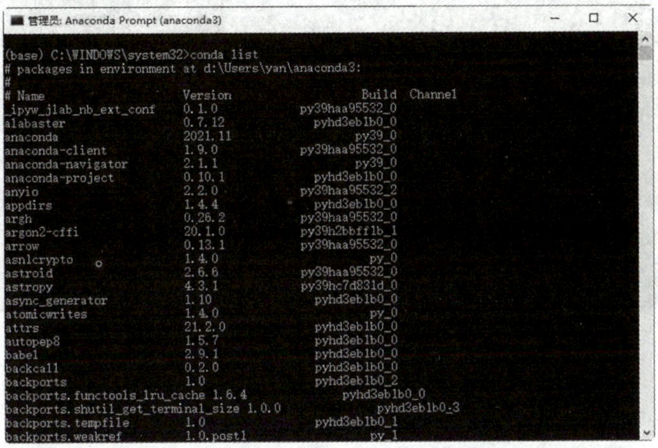

图 4-13　查看已经安装的包名和版本号

4.1.2　安装 Urllib3 模块库

下面分别介绍使用 pip 工具和 Anaconda 工具安装 Urllib3 模块库。

1. 使用 pip 工具安装 Urllib3 模块库

在“开始”菜单的搜索栏中输入“cmd”，按【Enter】键，弹出命令提示符窗口，显示下面的用户名(不同的用户，显示的用户名不同)。

```
C:\Users\yan>
```

在窗口中输入

```
pip install urllib3
```

按【Enter】键，出现 Urllib3 模块库的安装过程信息，若显示程序如下，则表示安装成功。

```
Collecting urllib3
  Downloading urllib3-1.26.8-py2.py3-none-any.whl (138 kB)
Installing collected packages: urllib3
Successfully installed urllib3-1.26.8
```

提示

pip 是安装 Python 过程中也同时安装模块库的安装工具，如果 pip 的版本太旧，很多模块包都无法安装，则会出现如图 4-14 所示的提示升级 pip 版本的信息。

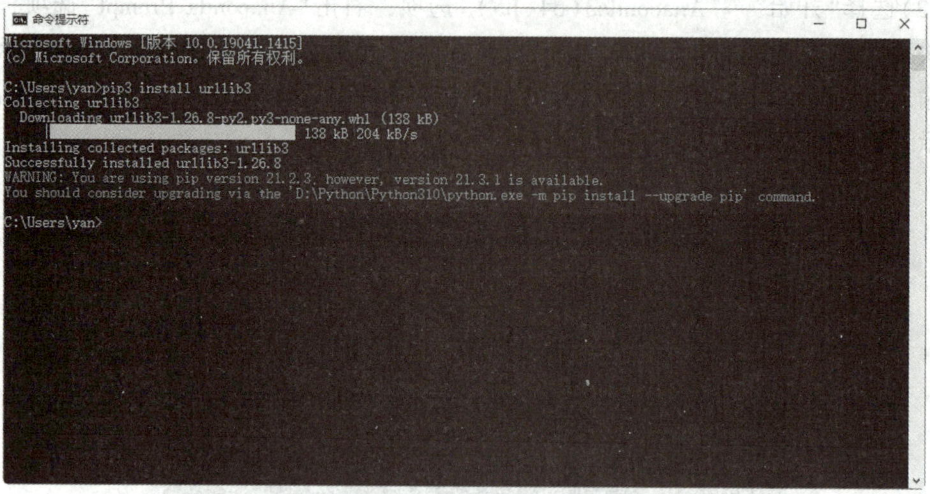

图 4-14 提示升级 pip 版本的信息

升级 pip 工具后，才可以进行模块库的安装。输入下面的命令升级 pip 工具。

```
python -m pip install --upgrade pip
```

升级成功后显示如图 4-15 所示的信息。

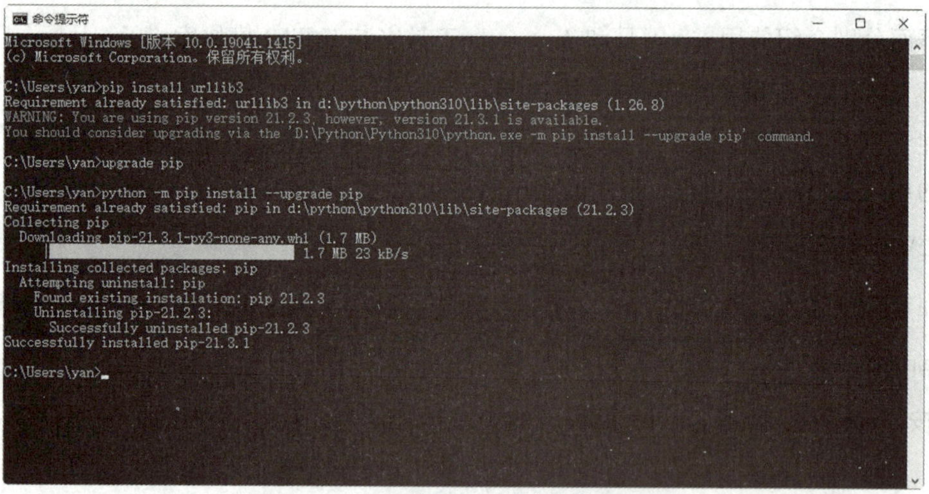

图 4-15 更新 pip 成功的信息

2. 使用 Anaconda 工具安装 Urllib3 模块库

(1)双击 Anaconda Navigator 图标，启动 Anaconda Navigator。

(2)选择“Environments”(环境)选项卡，在顶端的下拉列表中显示第三方库的分类，选择“All”(全部)选项，开始检查需要用到的库是否已安装。

(3)在右上角的搜索框中输入“urllib3”进行搜索，若出现如图 4-16 所示的信息，则表示已安装该库。

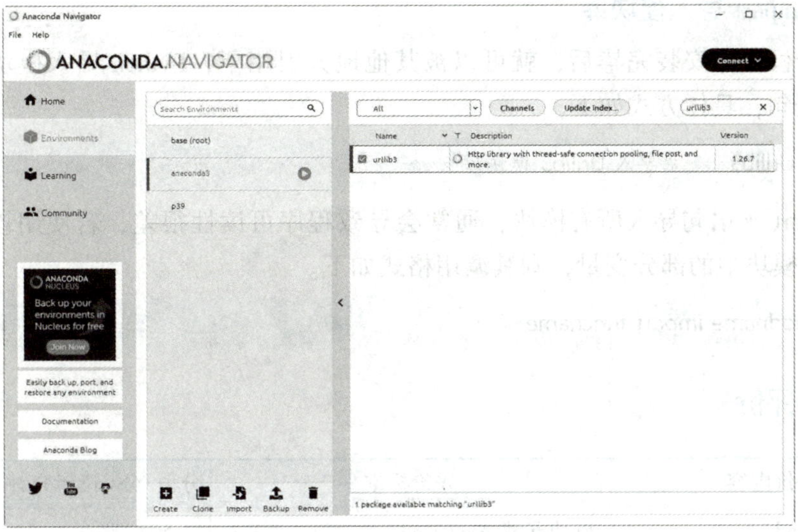

图 4-16　搜索并显示已安装库

3. 在 PyCharm 中安装 Urllib3 模块库

使用 pip(pip3)工具或 Anaconda 工具下载、安装 Urllib3 模块库后，就可以在 Shell IDLE 中使用该模块库了，但若在 PyCharm 中使用该模块库，则需要另行安装。

打开 PyCharm，选择菜单栏中的“File”(文件)→“Setting”(设置)命令，弹出“Setting”对话框，打开“Project：pythonProject”→“Python Interpreter”窗口，单击“Install”按钮 +，弹出“Avaliable Package”(有用的安装包)对话框。

在搜索框中输入需要安装的模块库“Urllib3”，在列表中选择模块库“urllib3”，如图 4-17 所示，单击“Install Package”(安装安装包)按钮，即可开始安装该模块。若弹出“Package 'urllib3' installed successfully”信息，则表示安装成功。

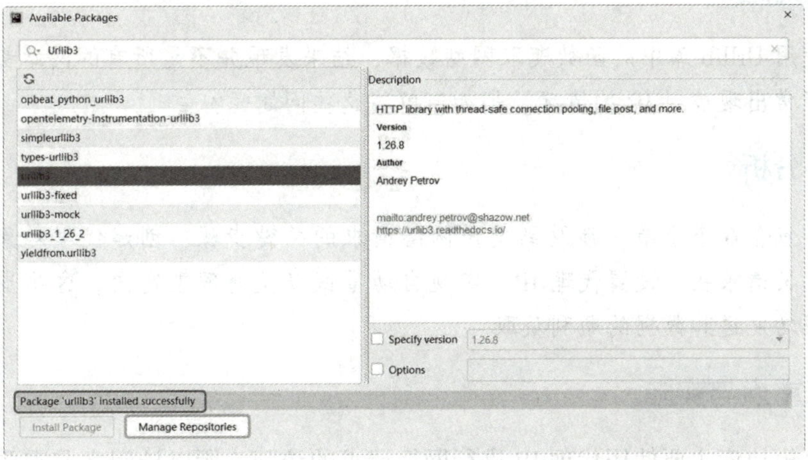

图 4-17　安装成功信息

4. 用 import 导入模块库

当一个模块库安装完毕后，就可以被其他地方引用了，Python 导入模块库一般使用 import 语句，具体方式如下。

```
import Urllib3      # 导入 Urllib3 模块库
```

用 import ＊语句导入所有模块，通常会导致程序可读性很差，若使用该语句只导入 module1 模块中的部分变量，则其调用格式如下。

```
from modname import funcname
```

任务评价

评价内容	评价标准	分值/分	读者自评	教师评估
安装 Anacconda	成功安装 Anacconda	50		
安装 Urllib3 模块库	成功安装 Urllib3 模块库	50		
总分		100		

任务 2　发送请求

任务描述

小白使用 Urllib 库中的函数爬取网站数据，结果发现并不是所有的网站都可以被访问，同时经常出现被封 IP 的情况。那如何解决这些问题呢?

任务分析

本任务包含 6 个小节，涉及到发送网络请求的关键步骤：创建代理对象、确定请求方法、定义请求头、设置代理 IP、实现自动重试以及处理重定向。这些步骤共同确保请求的成功发送和数据的顺利获取。

任务重点与实施

Urllib3 模块库主要使用代理 IP 进行网络请求的访问，所以访问之前需要创建一个代理 IP 对象。同时，Urllib3 模块库提供了很多 Python 标准库 Urllib 没有的重要特性。

(1)线程安全。

(2)代理 IP。

(3)客户端 SSL/TLS 验证。

(4)文件分部编码上传。

(5)协助处理重复请求和 HTTP 重定位。

(6)支持压缩编码。

(7)支持 HTTP 和 SOCKS 代理。

4.2.1　创建代理对象

Urllib3 主要使用连接池进行网络请求的访问，所以访问之前需要先创建一个连接池对象。

PoolManager()函数用来构造 PoolManager 对象，然后通过 PoolManager 中的 request()函数或 urlopen()函数生成请求，访问一个网页。PoolManager()函数的使用格式如下。

```
urllib3. poolmanager. PoolManager(num_ pools =10, headers =None, ** connection_ pool_kw)
```

参数说明如下。

(1)num_ pools：指定缓存池的个数，如果访问的个数大于 num_ pools，将按顺序覆盖最初始的缓存，将缓存的个数控制在池的大小范围内。

(2)headers：指定请求头的信息。

(3) ** connection_ pool_kw：基于 connection_ pool 生成的其他设置。

在 Urllib3 中，request()函数通过代理对象生成网络请求，返回一个 HTTPResponse 对象，其使用格式如下。

```
request(method, url, fields =None, headers =None, ** urlopen_kw)
```

参数说明如下。

(1)method：指定的请求方式，如 GET、POST、PUT。

(2)url：需要抓取的 URL 地址。

(3)fields：向请求中添加的参数，通过字典形式定义。

(4)headers：向请求中添加的请求头信息。

(5) ** urlopen_kw：其他关键字参数。

得到返回的响应 HTTPResponse 对象 response 后，根据不同要求输出响应数据的不同内容，具体属性方法如下。

(1)response. status_code：状态码。

(2)response. url：请求 url。

(3)response. encoding：查看响应头部字符编码。

(4)response. cookies：Cookie 信息。

(5)response. headers：头信息。

(6)response. text：文本形式的响应内容。

(7)response. content：二进制字节形式的响应内容。

(8)response. json：JSON 形式的响应内容。

案例 获取电子邮箱登录界面的响应

扫码看视频

获取如图 4-18 所示的 126 电子邮箱登录界面的代理 IP，通过发送 PUT 请求，获取网页源代码的头信息 headers。

图 4-18 126 电子邮箱登录界面

PyCharm 程序如下。

```
#! /usr/bin/env python3
# -* - coding: UTF-8 -* -
# 导入模块
import urllib3
# 创建带请求头的代理 IP 对象
http = urllib3. PoolManager()
# 使用 request 函数发送请求
resp1 = http. request('PUT', 'http://www. 126. com')
# 使用 urlopen 函数发送请求
resp2 = http. urlopen('PUT', 'http://www. 126. com')
print('使用 request 函数发送请求')
print(resp1. headers)
print('使用 urlopen 函数发送请求')
print(resp2. headers)
```

运行结果如下。

```
使用 request 函数发送请求
HTTPHeaderDict({'Server': 'nginx', 'Date': 'Fri, 28 Jan 2022 06:36:33 GMT', 'Content-Type': 'text/html', 'Content-Length': '150', 'Connection': 'keep-alive'})

使用 urlopen 函数发送请求
HTTPHeaderDict({'Server': 'nginx', 'Date': 'Fri, 28 Jan 2022 06:36:33 GMT', 'Content-Type': 'text/html', 'Content-Length': '150', 'Connection': 'keep-alive'})
```

4.2.2　请求方法

request( ) 函数中的请求方法通过 method 指定，常用请求方法参数如下。

(1) POST：表示向指定资源提交数据进行处理请求。

(2) GET：表示向特定的资源发出请求。

(3) PUT：表示向指定资源位置上传其最新内容。

(4) HEAD：表示向服务器索取与 GET 请求相一致的响应，只不过响应体将不会被返回。这一方法可以在不必传输整个响应内容的情况下，来获取包含在响应小消息头中的元信息。

案例　获取淘宝不同请求的响应

扫码
看视频

如图 4-19 所示的淘宝首页，使用代理 IP，发送不同方法的请求，获取网页源代码的状态码，显示发送请求是否成功。

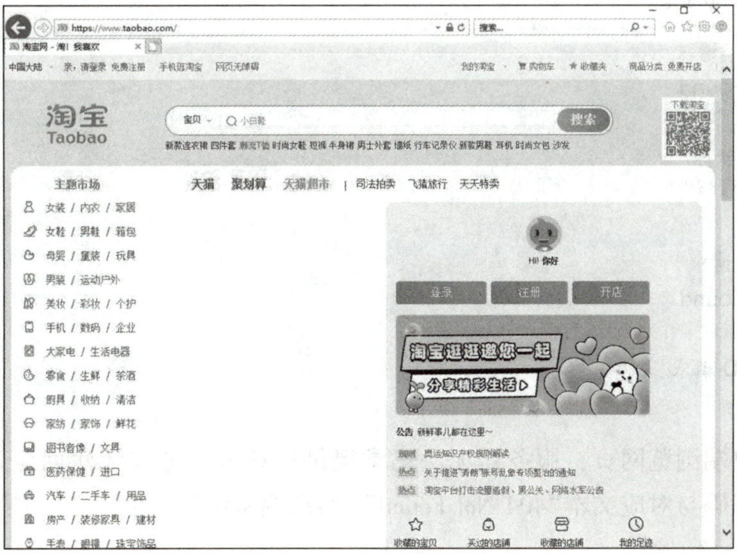

图 4-19　淘宝首页

PyCharm 程序如下。

```
#! /usr/bin/env python3
# -*- coding: UTF-8 -*-
# 导入模块
import urllib3
# 创建代理 IP 对象
http = urllib3. PoolManager()
# 使用 request 函数发送请求
resp1 = http. request('POST', 'http://www. taobao. com')
resp2 = http. request('GET', 'http://www. taobao. com')
resp3 = http. request('PUT', 'http://www. taobao. com')
resp4 = http. request('HEAD', 'http://www. taobao. com')
print('发送 POST 请求')
# 输出状态码与对应文本
print(resp1. status, resp1. reason)
print('发送 GET 请求')
# 输出状态码与对应文本
print(resp2. status, resp2. reason)
print('发送 PUT 请求')
# 输出状态码与对应文本
print(resp3. status, resp3. reason)
print('发送 HEAD 请求')
# 输出状态码与对应文本
print(resp4. status, resp4. reason)
```

运行结果如下。

```
发送 POST 请求
404 Not Found

发送 GET 请求
200 OK

发送 PUT 请求
404 Not Found

发送 HEAD 请求
200 OK
```

当在客户端浏览网页，服务器无法正常提供信息或服务器无法回应且不知道原因时，输出状态码与对应文本“404 Not Found”(客户端错误)。

4.2.3 定义请求头

请求头参数 headers 用于添加附加信息，在发送请求中添加请求头包括下面两种方法。

(1)如果在初始化 PoolManager()函数时定义了 headers，那么之后每次使用 PoolManager()函数进行访问时，都将使用该 headers 进行访问。

(2)在 request()函数中定义一个字典类型(dictionary)，作为 header 参数传入请求。

案例　获取带请求头的响应

在请求头 headers 参数中定义响应体的数据格式为 GIF 图片格式，创建代理对象，使用 request()函数发送请求，获取编码后的响应数据。

扫码看视频

PyCharm 程序如下。

```
#! /usr/bin/env python3
# -* - coding: UTF-8 -* -
# 导入模块
import urllib3
from urllib. parse import urlencode
# 定义请求头参数
headers = {'Content-Type': 'image/gif'}
# 方法 1
# 创建带请求头的代理 IP 对象
http0 = urllib3. PoolManager(headers=headers)
# 发送请求
resp1 = http0. request('GET', 'http://httpbin. org/headers')
# 方法 2
# 创建代理 IP 对象
http = urllib3. PoolManager()
# 发送请求
resp2 = http. request('GET', 'http://httpbin. org/headers',
                     headers=headers)
# 发送请求
resp3 = http. request('GET', 'http://httpbin. org/headers')
print('发送请求不添加请求头:')
print(resp3. data. decode())
print('发送请求添加请求头 1:通过初始化代理,设置下载文件格式')
print(resp1. data. decode(), sep='\n')
print('发送请求添加请求头 2:在 request 函数中定义参数,设置下载文件格式')
print(resp2. data. decode())
```

运行结果如下。

```
发送请求不添加请求头:
{
  "headers": {
    "Accept-Encoding": "identity",
    "Host": "httpbin. org",
```

```
        "User-Agent": "python-urllib3/1.26.7",
        "X-Amzn-Trace-Id": "Root=1-62132527-66f13ec67be86cc572f1b646"
    }
}

发送请求添加请求头1:通过初始化代理,设置下载文件格式
{
  "headers": {
    "Accept-Encoding": "identity",
    "Content-Type": "image/gif",
    "Host": "httpbin.org",
    "User-Agent": "python-urllib3/1.26.7",
    "X-Amzn-Trace-Id": "Root=1-62132526-6aff36c650877dfe155f0f09"
  }
}

发送请求添加请求头2:在 request 函数中定义参数,设置下载文件格式
{
  "headers": {
    "Accept-Encoding": "identity",
    "Content-Type": "image/gif",
    "Host": "httpbin.org",
    "User-Agent": "python-urllib3/1.26.7",
    "X-Amzn-Trace-Id": "Root=1-62132526-4607cca26767659b6eab0030"
  }
}
```

请求头 headers 还可以设置下面的参数。

1. Connection 参数

在 HTTP 1.1 中所有的连接默认都是持续连接，除非特殊声明不支持。目前服务器端默认连接时间为 5~15 s，可以通过该参数设置，如

```
Connection: Keep-Alive
```

上面的字段用于 HTTP 持久连接。

2. cookies 参数

在 Urllib3 中没有直接设置 cookies 的方法和参数，可以在 headers 中设置 cookies，如

```
headers = {"Cookie": "xxxxxxxx"}
```

4.2.4 设置代理 IP

ProxyManager()函数用于创建一个用于所有 HTTP 连接和单个服务器的 HTTPConnectionPool。其调用格式如下。

```
urllib3. poolmanager. ProxyManager(proxy url, num pools =10, headers =None, proxy_headers =
None, **  connection pool_kw)
```

参数说明如下。

(1) proxy url：代理 IP。

(2) num pools：代理池个数。

(3) headers：指定请求头。

(4) proxy_headers：代理请求头信息。

(5) ** connection pool_kw：连接字段。

案例　使用代理 IP 发送请求

扫码看视频

创建代理对象，定义 IP 地址，发送带请求头的请求，获取代理 IP 地址。

PyCharm 程序如下。

```
#! /usr/bin/env python3
# -* - coding: UTF-8 -* -
#导入模块
import urllib3
#创建代理对象,指定代理 IP,指定 HTTP 持久连接
proxy = urllib3. ProxyManager('http://180. 97. 87. 63/', headers ={'Connection': 'Keep-Alive'})
#通过 request 发送请求,返回响应
resp = proxy. request('get', 'http://httpbin. org/ip')
#返回状态码
print(resp. status)
#返回响应内容
print(resp. data)
```

运行结果如下。

```
200
b'{\n"origin": "180. 97. 87. 63"\n}\n'
```

4. 2. 5　自动重试

受服务器和网络影响，无法保证网络请求一次就能成功，有时需要多尝试几次，这个过程就是自动重试。Urllib3 模块库支持这种自动重试请求。

request( ) 函数中的 retries 参数用来指定自动重试次数，默认 retries 为 3 次。响应 respose 的属性函数 retries. total 显示重试次数。

重试不是无限制的尝试，重试条件参数如下。

(1) 连接时的错误：异常为 ConnectTimeoutError，对应参数 connect。

(2)读取时的错误：异常为 ReadTimeoutError 和 ProtocolError，对应参数 read。

(3)其他错误：对应参数 other。

(4)重定向：每重定向一次，消耗一次重试次数，对应参数 redirect。

上面的参数默认为 None，如果这些参数为 False，则表示发生该种情况时，不会再次请求，而是直接抛出对应的异常。

案例 发送重试请求

除了使用重试默认参数定义重试次数，Retry( )函数还可以定义重试次数 total、重试间隔 backoff_factor 异常信息等参数。

扫码看视频

PyCharm 程序如下。

```
# /usr/bin/env python3
#  -* - coding: UTF-8 -* -
#导入模块
import urllib3
from urllib3. util import Retry
http = urllib3. PoolManager()
url = 'https://httpbingo. org/get'
resp1 = http. request('GET', url)                          # 默认重试 3 次
resp2 = http. request('GET', url, retries=False)           # 关闭重试
resp3 = http. request('GET', url, retries=5)               # 重试 5 次
# 定义最大重试次数、重试间隔、异常信息
retries = Retry(total=10, backoff_factor=0. 1,
                      status_forcelist=[500])
resp4 = http. request('GET', url, retries=retries)         # 重试 10 次
print('重试次数 1: ', resp1. retries. total)
print('重试次数 2: ', resp2. retries. total)
print('重试次数 3: ', resp3. retries. total)
print('重试次数 4: ', resp4. retries. total)
```

运行结果如下。

```
重试次数 1:  3
重试次数 2:  False
重试次数 3:  5
重试次数 4:  10
```

4.2.6 重定向

在网站建设中，时常会遇到需要网页重定向(redirect)的情况。

(1)网站调整(如改变网页目录结构)。

(2)网页被移到一个新地址。

(3)网页扩展名改变(如应用需要把 . php 改成 . html 或 . shtml)。

重定向是通过各种方法将各种网络请求重新定个方向转到其他位置。在这种情况下，如果不做重定向，则用户收藏夹或搜索引擎数据库中的旧地址只能让访问客户得到一个 404 页面错误的信息；再者，某些注册了多个域名的网站，也需要通过重定向让访问这些域名的用户自动跳转到主站点等。

重定向表示的是响应码 301 和响应码 302。例如，在访问百度时，输入网址 http：// www. baidu. com，http 是不安全的，https 足够安全，服务器返回一个 301（永久重定向的状态码），表示百度服务器会将浏览器永久重定向到“https：// www. baidu. com”中，以后访问浏览器会直接访问新地址。而 302 是临时重定向，也就是临时转移地址，下一次访问请求还会访问这个地址。

在 request（）函数中，redirect 参数用于打开或关闭重定向开关。

案例　发送重定向请求

扫码看视频

通过打开或关闭重定向开关参数，输出重试次数。对于重定向，重试次数不计数。

PyCharm 程序如下。

```
#! /usr/bin/env python3
# -* - coding: UTF-8 -* -
# 导入模块
import urllib3
from urllib3. util import Retry
http = urllib3. PoolManager()
url = 'http://httpbin. org/redirect/1'
r = http. request('GET', url, retries =5)          # 请求重试的次数为 5
print('打开重试关闭重定向', r. data. decode())
print('重试次数', r. retries. total)
# 关闭请求重试(retrying request)及重定向(redirect):
# 将 retries 定义为 False 即可
r = http. request('GET', url, retries =False, redirect =False)
print('关闭请求重试及重定向', r. data. decode())
print('重试次数', r. retries. total)
# 关闭重定向(redirect)但保持重试(retrying request)
#将 redirect 参数定义为 False 即可
r = http. request('GET', url, redirect =False)
print('关闭重定向打开重试', r. data. decode())
print('重试次数', r. retries. total)
```

运行结果如下。

```
打开重试关闭重定向
重试次数 5
关闭请求重试及重定向
重试次数 False
关闭重定向打开重试
重试次数 3
```

任务评价

评价内容	评价标准	分值/分	读者自评	教师评估
创建代理对象	能够创建代理对象	20		
请求方法	能够发送不同方法的请求	20		
定义请求头	能够添加请求头	15		
设置代理 IP	能够设置代理 IP 发送请求	15		
自动重试	能够发送重试请求	15		
重定向	能够发送重定向请求	15		
总分		100		

项目小结

本项目首先介绍了如何安装 Urllib3 请求模块库；其次介绍了利用 Urllib3 请求模块库发送 HTTP 请求。通过本项目的学习，不仅加深了读者对 Python 网络编程的理解，同时增强了读者的实际操作能力和问题解决能力。

项目实战

实战　发送请求访问淘宝

使用网络爬虫访问淘宝，发送请求后不可能无期限地等待响应，超过以 timeout 参数设定的时间之后停止等待响应。在 Urllib3 中，通过代理对象，可以发送多个请求，timeout 参数可以在发送请求时设置，也可以在创建代理对象时设置，这样所有的请求遵循超时时间设置。

(1)创建自定义函数，判断状态码。

```
#! /usr/bin/env python3
# -* - coding: UTF-8 -* -
# 导入模块
import urllib3
def  zhuangtaima(r):
    if r == 200:
            result = '网页请求发送成功'
    elif r == 301:
            result = '请求网页被永久转移到其他 URL'
    elif r == 404:
            result = '请求网页不存在'
    elif r == 500:
            result = '内部服务器错误'
```

```
    else:
            result ="查询其余状态码"
    return(result)
```

(2)创建代理 IP 对象。

```
http = urllib3. PoolManager()
# 发送请求
respose1 = http. request('POST', 'https://www. taobao. com', timeout =3. 0)
respose2 = http. request('GET', 'https://www. taobao. com', timeout =3. 0)
```

(3)将 timeout 参数定义在 PoolManager 中，设置的是全局超时时间。

```
http = urllib3. PoolManager(timeout =1. 5)
# 发送请求 1
respose3 = http. request('POST', 'https://www. taobao. com')
# 发送请求 2
respose4 = http. request('GET', 'https://www. taobao. com')
```

(4)根据请求方法与超时时间判断访问是否成功。

```
print('POST 方法: timeout =3. 0', '状态码 = ',respose1. status,zhuangtaima(respose1. status))
print('GET 方法: timeout =3. 0', '状态码 = ',respose2. status,zhuangtaima(respose2. status))
print('POST 方法: timeout =1. 5', '状态码 = ',respose3. status,zhuangtaima(respose3. status))
print('POST 方法: timeout =1. 5', '状态码 = ',respose4. status,zhuangtaima(respose4. status))
```

运行结果如下。

```
POST 方法: timeout =3. 0 状态码 =404 请求网页不存在
GET 方法: timeout =3. 0 状态码 =200 网页请求发送成功
POST 方法: timeout =1. 5 状态码 =404 请求网页不存在
POST 方法: timeout =1. 5 状态码 =200 网页请求发送成功
```

项目 5　Requests 请求模块库的应用

项目导读

Requests 模块库是基于 Urllib 模块库、采用 Apache2 Licensed 开源协议的 HTTP 模块库，该模块库比 Urllib 模块库更加方便，可以减少大量的工作，完全满足 HTTP 测试需求。Requests 模块库主要用于爬取小规模、数据量少，同时对爬取速度不敏感的网站。本项目主要介绍 Requests 请求模块库的应用。

学习目标

◆ 知识目标

1. 掌握 Requests 请求模块库的安装与加载。
2. 掌握 Requests 发送请求函数的使用方法。
3. 了解网页响应数据的分析方法。
4. 掌握复杂网页请求过程。
5. 熟练处理网页请求过程中的异常处理。

◆ 技能目标

1. 能将 JSON 数据与其他数据格式进行相互转换。
2. 能够从 HTML、JSON 等格式中提取所需信息。
3. 能够运用复杂请求头的设置，模拟浏览器行为，隐藏爬虫身份。

◆ 素质目标

1. 通过不同情境的任务引入，引起读者的情感共鸣，激发读者的学习热情。
2. 通过不同参数的设置，对比采集的数据，提升读者的数据分析能力。

◆ 思政目标

1. 培养读者严谨的科学态度与求真务实的精神。
2. 培养读者创新意识与创业精神。

任务 1　网 页 请 求

任务描述

虽然发送请求的模块库众多，但小白经过在学习群调查发现，有 2/3 的人使用 Requests 模块库。因此，Requests 模块库肯定有其可取之处，但事实还是需要自己去验证的。那么，Requests 模块库如何发送网页请求、如何获取响应数据呢？

任务分析

本任务包含 3 个小节：标准的 HTTP 请求、返回响应消息及 JSON 格式数据。首先通过 HTTP 协议发送请求至服务器，然后服务器处理请求后返回响应消息，最后解析服务器返回的 JSON 格式数据。

任务重点与实施

Requests 模块库的作用是模拟浏览器发送请求。浏览器发送请求的流程如图 5-1 所示。Requests 模块库发送请求的流程如图 5-2 所示。

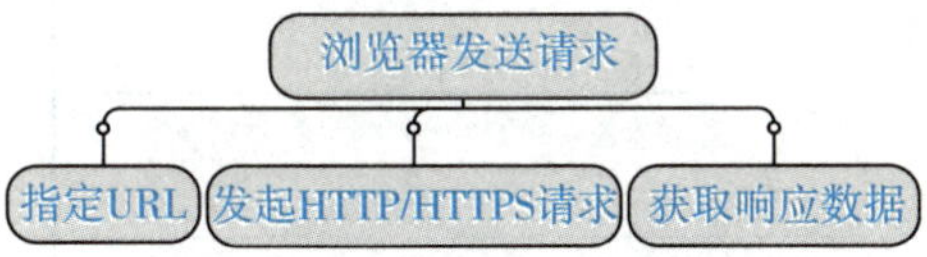

图 5-1　浏览器发送请求的流程

图 5-2　Requests 模块库发送请求的流程

5.1.1　标准的 HTTP 请求

在 Python 中，Requests 模块库用来发出标准的 HTTP 请求，其中，request( ) 函数用于构造一个请求，支持不同方法发送 HTTP 请求，其调用格式如下。

```
requests.request(method, url, ** kwargs)
```

参数说明如下。

(1) method：请求方法。

(2) url：网页链接，也就是网址。

(3) ** kwargs：用于设置参数属性的字段，指定 13 个字段来实现非简单请求的功能，具体参数说明如表 5-1 所示。

表 5-1 kwargs 参数说明

参数	说明
params	作为参数增加到 url 中
data	字典，字节序列或文件对象，作为 Request 的内容
headers	字典，定制 http 消息头
json	赋值到服务器上的 json 域，JSON 格式数据，作为 Request 的内容
cookies	字典或 CookieJar，request 中的 cookie
files	字典类型，定义传输文件
auth	元组，支持 HTTP 认证功能
proxies	字典类型，设定访问代理服务器，可以增加登录认证
allow_redirects	控制是否设置重定向，默认为 true
timeout	设定超时时间，单位为秒(s)
verify	控制是否验证，默认为 True。当 verify 为 True 时，如果想解析 https 内容，则需在 Cert 参数中添加证书路径
stream	如果为 False，则立即下载响应内容
cert	string 或元组 string：为 ssl 客户端证书文件(. pem)的路径 元组：(“证书”，“密钥”)配对

案例 访问豆瓣电影网

扫码看视频

豆瓣电影排行榜的网址为 https：//movie. douban. com/chart，如图 5-3 所示，通过 request( )函数发送 HTTP 请求，获取响应数据。

图 5-3　豆瓣电影排行榜

PyCharm 程序如下。

```
#! /usr/bin/env python3
# -* - coding: UTF-8 -* -
# 导入模块
import requests
# 发送请求
response = requests. request(method ='POST', url ='https://movie. douban. com/chart')
# 获取请求方法
print(type(response. request), response. request)
# 获取响应状态码
print(type(response. status_code), response. status_code)
#获取响应头信息
print(type(response. headers), response. headers)
# 获取响应头中的 cookies
print(type(response. cookies), response. cookies)
# 获取访问的 url
print(type(response. url), response. url)
# 获取访问的历史记录
print(type(response. history), response. history)
```

运行结果如下。

```
<class 'requests. models. PreparedRequest'> <PreparedRequest [POST]>
<class 'int'> 418
```

```
<class 'requests. structures. CaseInsensitiveDict'> {'Date': 'Wed, 16 Feb 2022 02:27:38 GMT', 'Content-Length': '0', 'Connection': 'keep-alive', 'Keep-Alive': 'timeout=30', 'Server': 'dae', 'Strict-Transport-Security': 'max-age=15552000', 'X-Content-Type-Options': 'nosniff'}
<class 'requests. cookies. RequestsCookieJar'> <RequestsCookieJar[ ]>
<class 'str'> https://movie. douban. com/chart
<class 'list'> [ ]
```

提示 发送网络请求只是进行网络爬虫的第一步，是否发送成功才是关键。通过状态码能直观地看出是否发送成功。上例中，response. status_code 用于输出 HTTP 请求的返回状态，其中，200 表示连接成功，404 表示失败。response. request 可以显示发送请求的方法。

5.1.2 返回响应消息

使用 Requests 模块库中的函数发送请求，返回的是包含服务器资源的响应消息 Response 对象，该对象中包含从服务器返回的所有的相关资源。

根据返回响应的组成，为函数返回指定的响应数据。

(1)查看请求地址：r. url。

(2)查看响应头：r. request. headers。

(3)查看请求头：r. headers。

案例1 查看响应消息

扫码看视频

使用 GET 请求方法访问未来 40 天天气预报网页，如图 5-4 所示，返回响应消息。

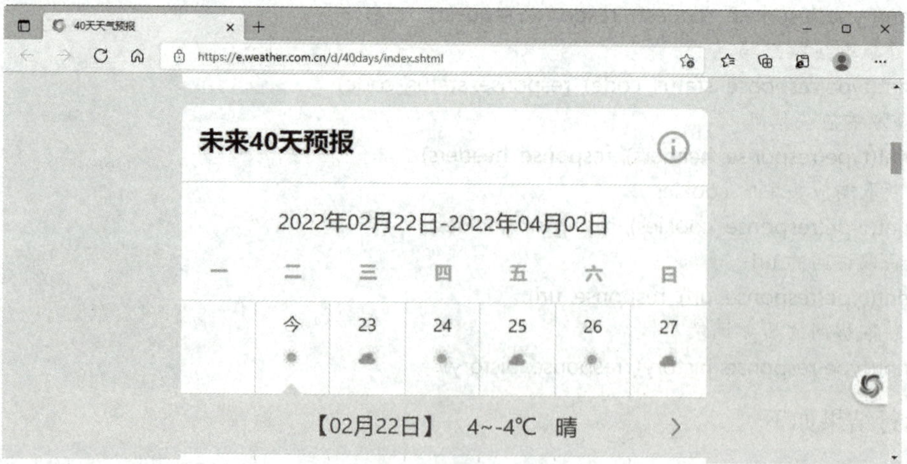

图 5-4 未来 40 天天气预报网页

PyCharm 程序如下。

```
#! /usr/bin/env python3
# -* - coding: UTF-8 -* -
# 导入模块
import requests
# 定义访问网页的网址
url = 'https://e. weather. com. cn/d/40days/index. shtml'
print('访问网站获取 Response 对象')
# 使用 request 函数发送请求
r = requests. request(method ='GET', url =url)
#输出响应数据
print('返回 Response 对象')
print('发送请求的方法', r. request)
print('状态码', r. status_code)
print('请求地址', r. url)
print('响应头', r. request. headers)
print('请求头', r. headers)
```

运行结果如下。

```
访问网站获取 Response 对象
返回 Response 对象
发送请求的方法 <PreparedRequest [GET]>
状态码 200
请求地址 https://e. weather. com. cn/d/40days/index. shtml
响应头 {'User-Agent': 'python-requests/2. 26. 0', 'Accept-Encoding': 'gzip, deflate', 'Accept': '* / * ', 'Connection': 'keep-alive'}
请求头 {'Date': 'Tue, 22 Feb 2022 02:56:07 GMT', 'Content-Type': 'text/html', 'Transfer-Encoding': 'chunked', 'Connection': 'keep-alive', 'Server': 'openresty', 'via': 'CHN-HEshijiazhuang-SSPpbs1-CACHE1[13], CHN-HEshijiazhuang-SSPpbs1-CACHE1[0, TCP_HIT, 10], CHN-HElangfang-GLOBAL2-CACHE89[11], CHN-HElangfang-GLOBAL2-CACHE47[0, TCP_HIT, 10]', 'x-hcs-proxy-type': '1', 'X-CCDN-CacheTTL': '180', 'nginx-hit': '1', 'Age': '118', 'Content-Encoding': 'gzip'}
```

1. 字符串形式

网页本身是由字符串组成的，因此，字符串是最常用的格式。在 Requests 模块库中，r. text 输出 HTTP 响应内容的字符串形式，即 url 对应的页面内容。

案例2　返回字符串响应数据

扫码看视频

使用 GET 方法访问网页，当请求发送后，服务器会给浏览器返回需要的信息，返回信息包括状态行、响应头部、空行、响应数据，输出字符串格式响应数据。

PyCharm 程序如下。

```
#! /usr/bin/env python3
# -*- coding: UTF-8 -*-
# 导入模块
import requests
# 定义访问网页的网址
url = 'https://www.taobao.com'
print('获取 Response 对象')
# 使用 request 函数
r = requests.request(method='GET', url=url)
# 输出响应数据
print(r.text)
```

运行结果如下。

```
获取 Response 对象
<!DOCTYPE html><html lang="zh-CN"><head><meta charSet="utf-8"/><meta http-equiv="X-UA-Compatible" content="IE=edge,chrome=1"/><meta name="renderer" content="webkit"/><meta name="viewport" content="width=1200"/><meta name="ice-meta-count" content="0"/><title>淘宝</title><meta name="description" content="淘宝网 - 亚洲较大的网上交易平台,提供各类服饰、美容、家居、数码、话费/点卡充值… 数亿优质商品,同时提供担保交易(先收货后付款)等安全交易保障服务,并由商家提供退货承诺、破损补寄等消费者保障服务,让你安心享受网上购物乐趣!"/><meta name="keyword" content="淘宝,掏宝,网上购物,C2C,在线交易,交易市场,网上交易,交易市场,网上买,网上卖,购物网站,团购,网上贸易,安全购物,电子商务,放心买,供应,买卖信息,网店,一口价,拍卖,网上开店,网络购物,打折,免费开店,网购,频道,店铺"/><link rel="dns-prefetch" href="//g.alicdn.com"/><link rel="dns-prefetch" href="//o.alicdn.com"/><link rel="dns-prefetch" href="//gw.alicdn.com"/><link rel="dns-prefetch" href="//img.alicdn.com"/><link rel="dns-prefetch" href="//gm.mmstat.com"/><link rel="dns-prefetch" href="//log.mmstat.com"/><link rel="dns-prefetch" href="//res.mmstat.com"/><link rel="dns-prefetch" href="//dfhs.tanx.com"/><link rel="dns-prefetch" href="//ecpm.tanx.com"/><link href="//img.alicdn.com/tps/i3/T1OjaVFl4dXXa.JOZB-114-114.png" rel="apple-touch-icon-precomposed"/><meta name="spm-id" content="a21bo.jianhua/a"/><meta name="def-grey" content="false"/><script>
                window.cdnHost = "g.alicdn.com";
                window.staticConfig = {"bannerBackupNew":[{"backgroundColor":"#EE3E00","subtitle1":"甄选实惠好物","currentAldResId":"35510782","contentId":"17287319823610001","title1":"良心好货","title2":"国民工厂
```

HTML 文档一般包括标记(html)、头部(head)、主体(body)3 个部分，其基本架构如下。

```
<!DOCTYPE html>
<html>
<head>
<meta charset="utf-8">
<title>php </title>
</head>
```

```
<body>
    <h1>我的第一个标题</h1>
    <p>我的第一个段落。</p>
</body>
</html>
```

(1)标记<html></html>：说明该文件是用超文本标记语言来描述的，<html>表示该文件的开始，而</html>则表示该文件的结尾，它们是超文本标记语言文件的开始标记和结尾标记。

(2)头部<head></head>：表示头部信息的开始和结尾。头部中包含的标记是页面的标题、序言、说明等内容，它本身不作为内容来显示，但影响网页显示的效果。

(3)主体<body></body>：网页中显示的实际内容均包含在这两个正文标记符之间。正文标记符又被称为实体标记。

Response 对象属性函数可以实现将网页解析为不同的数据格式，如表 5-2 所示。

表 5-2　Response 对象属性函数

属性	说明
r. json	HTTP 响应内容的 JSON 形式
r. content	HTTP 响应内容的二进制形式

2. 解码信息

Urllib 库提供了专门的函数来对请求方法的参数进行转码，requests 库发送请求方法实现页面的获取，返回 Requests 响应消息时，能够自动将响应转码为 Unicode。

为了防止出现乱码，需要对返回的内容进行解析。其中，r. encoding 输出从 HTTP header 中预测的响应内容编码方式；r. apparent_encoding 输出从内容中分析出的响应内容编码方式(备选编码方式)。

案例3　定义响应数据编码格式

扫码看视频

使用 POST、GET 方法访问网页，定义字符编码格式，输出字符串格式响应数据。

PyCharm 程序如下。

```
#! /usr/bin/env python3
# -* - coding: UTF-8 -* -
# 导入模块
import requests
# 发送 POST 请求
responds = requests. post("http://httpbin. org/post")
responds. encoding = 'utf-8'                # 定义编码格式
print(responds. text)                       # 输出响应数据
```

```
# 发送 GET 请求
responds = requests. get("http://httpbin. org/get")
responds. encoding = 'utf-8'                        # 定义编码格式
print(responds. text)                               # 输出响应数据
```

运行结果如下。

```
{
  "args": {},
  "data": "",
  "files": {},
  "form": {},
  "headers": {
    "Accept": "* /* ",
    "Accept-Encoding": "gzip, deflate",
    "Content-Length": "0",
    "Host": "httpbin. org",
    "User-Agent": "python-requests/2. 26. 0",
    "X-Amzn-Trace-Id": "Root=1-620da913-58607c0532d6ad5502daeaa9"
  },
  "json": null,
  "origin": "183. 195. 216. 94",
  "url": "http://httpbin. org/post"
}

{
  "args": {},
  "headers": {
    "Accept": "* /* ",
    "Accept-Encoding": "gzip, deflate",
    "X-Amzn-Trace-Id": "Root=1-620da913-4a2e7c9258f055596ea0c40b"
    "Host": "httpbin. org",
    "User-Agent": "python-requests/2. 26. 0",
  },
  "origin": "36. 155. 28. 59",
  "url": "http://httpbin. org/get"
}
```

案例4 设置网页响应数据格式

扫码看视频

使用 POST 方法访问豆瓣电影排行榜网页，输出不同格式的响应数据。

PyCharm 程序如下。

```
#! /usr/bin/env python3
# -* - coding: UTF-8 -* -
```

```
# 导入模块
import requests
# 指定网址
URL = 'http://httpbin. org/post'
# 发送 POST 请求
responds = requests. post(URL)
# 网页解析
print('返回字符串格式响应', responds. text)
print('返回 JSON 格式响应', responds. json)
print('返回二进制格式响应', responds. content)
```

运行结果如下。

```
返回字符串格式响应 {
  "args": {},
  "data": " ",
  "files": {},
  "form": {},
  "headers": {
    "Accept": "* /* ",
    "Accept- Encoding": "gzip, deflate",
    "Content- Length": "0",
    "Host": "httpbin. org",
    "User- Agent": "python- requests/2. 26. 0",
    "X- Amzn- Trace- Id": "Root =1- 620de052- 0fdc30cf3b3da3465de24939"
  },
  "json": null,
  "origin": "111. 62. 228. 201",
  "url": "http://httpbin. org/post"
}

返回 JSON 格式响应 <bound method Response. json of <Response [200]>>
返回二进制格式响应 b'{\n"args": {}, \n  "data": " ", \n  "files": {}, \n  "form": {}, \n  "headers":
{\n    "Accept": "* /* ", \n    "Accept- Encoding": "gzip, deflate", \n    "Content- Length": "0", \
n    "Host": "httpbin. org", \n    "User- Agent": "python- requests/2. 26. 0", \n    "X- Amzn-
Trace- Id": "Root =1- 620de052- 0fdc30cf3b3da3465de24939"\n  }, \n  "json": null, \n  "origin": "
111. 62. 228. 201", \n  "url": "http://httpbin. org/ post"\n}\n'
```

5.1.3　JSON 格式数据

JSON(JavaScript Object Notation)是一种轻量级的数据交换格式，适用于进行数据交互的场景，如网站前台与后台之间的数据交互。结构化的数据一般是类似 JSON 格式的字符串，直接解析 JSON 数据，提取 JSON 的关键字段即可。

Python 中自带了 JSON 模块，使用 JSON 数据前直接导入 json 模块库即可，如

```
import json
```

1. 创建 JSON 文件

JSON 可以将 JavaScript 对象中表示的一组数据转换为字符串，然后就可以在函数之间轻松地传递这个字符串，或者在异步应用程序中将字符串从 Web 客户机传递给服务器端程序。

创建 JSON 文件的格式如下。

```
with open(filename, "w") as f:
f. write(data)
f. close()
```

文件名为 filename，文件扩展名为 . json，data 为文件中写入的数据，JSON 文件中的数据格式为 JSON。

不是所有数据都可以被写入 JSON 文件中，只有 JSON 格式的数据才可以被写入文件中。下面介绍数据的编码与解码，也就是 Python 格式的数据与 JSON 格式数据的互相转换。

2. Python 编码为 JSON

JSON 采用完全独立于语言的文本格式，但是也使用了类似于 C 语言家族的习惯，JSON 的编码过程是从 Python 类型向 JSON 类型的转换过程，具体的转换对照如表 5-3 所示。

表 5-3　从 Python 到 JSON 的转换对照

Python	JSON
dict	object
list，tuple	array
str，unicode	string
int，long，float	number
True	true
False	false
None	mull

在 JSON 中，json. dumps( ) 函数用于将一个 Python 数据类型列表进行 JSON 格式的编码，一般情况下，是将字典转换为字符串。其使用格式如下。

```
json. dumps(obj,
            skipkeys=False,
            ensure_ascii=True,
            check_circular=True,
            allow_nan=True,
            cls=None,
            indent=None,
```

```
            separators=None,
            encoding="utf-8",
            default=None,
            sort_keys=False,
            ** kw)
```

参数说明如下。

(1)obj：转换成 JSON 的对象。

(2)skipkeys：默认值是 False，如果 dict 的 keys 内的数据不是 Python 的基本类型(str、unicode、int、long、float、bool、None)，设置为 False 时，就会报 TypeError 的错误。此时设置成 True，则会跳过这类 key。

(3)ensure_ascii：默认输出 ASCII 码。若为 False，则输出中文。

(4)check_circular：如果为 false，则跳过对容器类型的循环引用检查，循环引用将导致溢出错误。

(5)allow_nan：如果为 false，则遵守 JSON 规范，ValueError 将序列化超出范围的浮点值(nan、inf、-inf)。

(6)indent：根据数据格式缩进显示。

(7)separators：定义分隔符。

(8)default：default(obj)是一个函数，返回一个可序列化的 obj 版本或引发类型错误。默认值只会引发类型错误。

(9)sort_keys：默认为 True，编码器按照字典排序(a~z)输出。

案例1 创建 JSON 文件

扫码看视频

JSON 是一种轻量级的数据交换格式，易于人们阅读和编写，同时也易于机器解析和生成。

PyCharm 程序如下。

```
#! /usr/bin/env python3
# -* - coding: UTF-8 -* -
# 导入模块
import urllib3
import json
# 定义字典格式数据
data = {'a': '1111', 'b': '2222', 'c': '3333', 'd': '4444'}
# 转换为 json 格式的编码字符串
encoded_data = json. dumps(data)
print('输出数据类型')
print('数据:% s 数据类型:% s'% (data, type(data)))
print('数据:% s 数据类型:% s'% (encoded_data, type(encoded_data)))
# 定义 JSON 文件路径
```

```
filename ="D:/NewPython/网页/baidu. json"
with open(filename,"w") as f:
    f. write(encoded_data)
f. close()
```

运行结果如下。

```
输出数据类型
数据:{'a': '1111', 'b': '2222', 'c': '3333', 'd': '4444'} 数据类型:<class 'dict'>
数据:{"a": "1111", "b": "2222", "c": "3333", "d": "4444"} 数据类型:<class 'str'>
```

新建的 JSON 文件如图 5-5 所示。

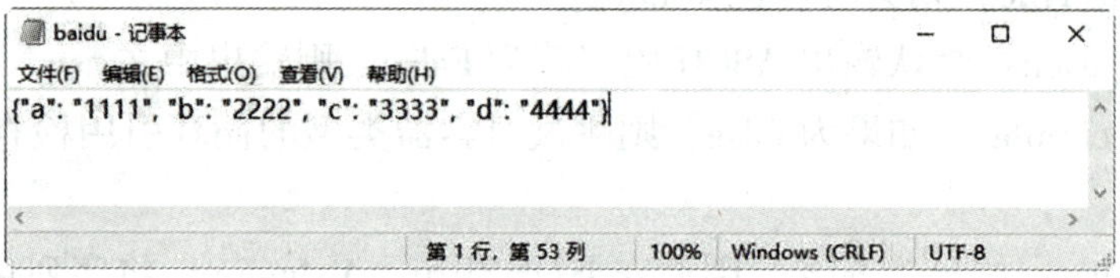

图 5-5　新建的 JSON 文件

3. JSON 解码为 Python

在 JSON 中，json. loads( )函数用于将 JSON 格式的数据转换为字典，即将字符串转换为字典。json. load( )函数读取 JSON 文件，将其内容转换为 Python 对象格式，并提取出来，若需要写入文件中，则需要创建 JSON 文件，格式如下。

```
with open("文件名")as f:
result = json. load(f)
```

从 JSON 到 Python 的类型转换对照如表 5-4 所示。

表 5-4　从 JSON 到 Python 的类型转换对照

JSON	Python
object	dict
array	list
string	unicode
number(int)	int, long
number(real)	float
true	True
false	False
mull	None

案例2　JSON 数据的编码与解码

扫码看视频

将在 Python 中定义的字典格式数据编码为 JSON 数据，再将 JSON 数据解码为字典格式数据。

PyCharm 程序如下。

```
#! /usr/bin/env python3
# -*- coding: UTF-8 -*-
# 导入模块
import json
str = {'Server': 'Tengine', 'Date': 'Tue, 15 Feb 2022 01:32:09 GMT',
        'Content-Type': 'text/html; charset=utf-8',
        'Transfer-Encoding': 'chunked', 'Connection': 'keep-alive',
        'Content-Encoding': 'gzip'}
# 编码为 json 数据
data = json.dumps(str, sort_keys=True, indent=4, separators=(',', ': '))
# json 数据
print(data)
# 解码为字典格式数据
print(json.loads(data))
```

运行结果如下。

```
{
    "Connection": "keep-alive",
    "Content-Encoding": "gzip",
    "Content-Type": "text/html; charset=utf-8",
    "Date": "Tue, 15 Feb 2022 01:32:09 GMT",
    "Server": "Tengine",
    "Transfer-Encoding": "chunked"
}
{'Connection': 'keep-alive', 'Content-Encoding': 'gzip', 'Content-Type': 'text/html; charset=utf-8', 'Date': 'Tue, 15 Feb 2022 01:32:09 GMT', 'Server': 'Tengine', 'Transfer-Encoding': 'chunked'}
```

任务评价

评价内容	评价标准	分值/分	读者自评	教师评估
标准的 HTTP 请求	能够发送 HTTP 请求	30		
返回响应消息	能够查看响应消息	30		
JSON 格式数据	能够将 JSON 解码为 Python	40		
总分		100		

任务 2 发送请求方法

任务描述

小白通过查阅资料，了解了网页发送请求方法的种类和工作原理。那么，如何使用 Requests 定义发送网页请求的方法？不同的请求方法有什么区别？

任务分析

本任务包含 3 个小节，分别介绍了 GET 与 POST 请求方法，并简要提及了其他 HTTP 请求方法。

任务重点与实施

常见的发送网页请求的方法分为以下两种。

(1) GET：最常见的方法，一般用于获取或查询资源信息，也是大多数网站使用的方法，响应速度快。

(2) POST：相比 GET 方法，POST 方法多了以表单形式上传参数的功能，因此除查询信息外，POST 方法还可以修改信息。

5.2.1 发送 GET 请求方法

GET 方法可以用来传输一些可以公开的参数信息，解析也比较方便，如百度搜索的关键词。

request. get( ) 函数通过 Requests 发送 GET 请求，其调用格式如下。

```
requests. get(url, params=None, ** kwargs)
```

(1) url：拟获取页面的 url 链接。

(2) params：url 中的额外参数，是字典或字节流格式。

(3) ** kwargs：12 个控制访问的参数。

发送 GET 请求方法提交的数据会直接填充在请求报文的 URL 上，如

```
"https://www. baidu. com/s? ie=utf-8&f=8&rsv_bp=1"
```

"?"划分域名和 get 提交的参数；A=B 中的 A 是参数名，B 是参数值，多个参数之间用 & 进行分割，如果参数值是中文，则会转换为诸如%ab%12 的加密十六进制码。

1. 发送 params 请求数据

params 参数用于指定追加在 url 后面的查询参数，该参数是字典或字节序列格式，如

```
params = {'key1': 'valuel', 'key2': 'value2'}
```

params 参数一般用于 GET 请求，也可用于 POST 请求。params 参数定义一个字典或字符串的查询参数，字典类型自动转换为 url 编码，不需使用 urlencode( ) 函数进行转码。

案例1　搜索 AutoCAD 图书网页

扫码看视频

石家庄××××文化传播有限公司的网址为 http://www.sjz××××.com/，在站内搜索图书 AutoCAD，显示搜索结果网页，如图 5-6 所示，网址为 http://www.sjz××××.com/md/searchm? c=3 &q=Autocad。在该网址发送 HTTP 请求。

PyCharm 程序如下。

```
#! /usr/bin/env python3
# -* - coding: UTF-8 -* -
import requests
# 定义搜索参数
params = {'c': '3', 'q': 'Autocad'}
# 指定网址
url = 'http://www.sjz××××.com/md/searchm'
# 发送 GET 请求
responds = requests.get(url, params=params)
# 网页解析
print('发送请求网址', responds.url)
print('发送请求的方法', responds.request)
```

运行结果如下。

```
发送请求网址    http://www.sjz××××.com/md/searchm? c=3&q=Autocad
发送请求的方法 <PreparedRequest [GET]>
```

图 5-6　搜索图书网页

2. 发送 fields 请求数据

对于 GET、HEAD 和 DELETE 请求，在 request( ) 函数中定义一个字典类型数据，作为 fields 参数传入请求，定义的数据用来设置 url 参数。

案例2 发送带 url 参数的请求

扫码看视频

使用 GET 方法发送请求时，fields 参数用于添加 url 参数。

PyCharm 程序如下。

```
#! /usr/bin/env python3
# -* - coding: UTF-8 -* -
# 导入模块
import urllib3
from urllib. parse import urlencode
# 创建代理 IP 对象
http = urllib3. PoolManager()
# 定义字典数据
fields = {'Happy': 'birthday'}
resp1 = http. request('GET', 'http://httpbin. org/get',
                      fields=fields)
print('GET 方法设置 url 参数')
print(resp1. data. decode())
```

运行结果如下。

```
GET 方法设置 url 参数
{
  "args": {
   "Happy": "birthday"
  },
  "headers": {
    "Accept-Encoding": "identity",
    "Host": "httpbin. org",
    "User-Agent": "python-urllib3/1. 26. 7",
    "X-Amzn-Trace-Id": "Root=1-62133b9e-2a2a409f1ab9428267b5133a"
  },
  "origin": "117. 185. 85. 150",
  "url": "http://httpbin. org/get? Happy=birthday"
}
```

在上面的程序中，得到的 url 为 http://httpbin. org/post? Happy=birthday。

5. 2. 2 发送 POST 请求方法

发送 POST 请求方法也被称为提交表单，提交的数据会附在正文中，一般请求正文的长度是没有限制的，可以用来提交金融网站一个用户的敏感信息。

1. 发送 data 请求

常见的 form 表单可以直接使用请求参数 data 进行报文提交，一般使用 POST 方法。其中，data 对象是 Python 中的字典类型，如

```
data = {"key1":"value1", "key2":"value2"}
```

案例1　发送 data 提交表单数据

扫码看视频

以 POST 方式发送请求，访问 http：//httpbin. org/post，通过设置 data 和 aprams 参数，实现增加 url 和表单资源的效果。

PyCharm 程序如下。

```
#! /usr/bin/env python3
# -* - coding: UTF-8 -* -
# 导入模块
import requests
# 定义字典数据
params = {"key1": "value1", "key2": "value2"}
# 设置 params 参数
responds = requests. post("http://httpbin. org/post", params=params)
print(responds. text)
print(responds. url)
# 设置 data 参数
responds = requests. post("http://httpbin. org/post", data=params)
print(responds. text)
print(responds. url)
```

运行结果如下。

```
{
  "args": {
    "key1": "value1",
    "key2": "value2"
  },
  "data": " ",
  "files": {},
  "form": {},
  "headers": {
    "Accept": "* /* ",
    "Accept-Encoding": "gzip, deflate",
    "Content-Length": "0",
    "Content-Tpye": "application/x-www-form-urlencoded",
    "Host": "httpbin. org",
    "User-Agent": "python-requests/2. 26. 0",
    "X-Amzn-Trace-Id": "Root=1-620df3f2-5239068e6b66dc5669eb3123"
  },
```

```
    "json": null,
    "origin": "36. 155. 28. 56",
    "url": "http://httpbin. org/post?  key1 =value1&key2 =value2"
}
http://httpbin. org/post?  key1 =value1&key2 =value2
{
    "args": {},
    "data": " ",
    "files": {},
    "form": {
        "key1": "value1",
        "key2": "value2"
    },
    "headers": {
        "Accept": "*  /*  ",
        "Accept- Encoding": "gzip, deflate",
        "Content- Length": "23",
        "Content- Type": "application/x- www- form- urlencoded",
        "Host": "httpbin. org",
        "User- Agent": "python- requests/2. 26. 0",
        "X- Amzn- Trace- Id": "Root =1- 620df3f2- 422e03ed4e96454b0fbbdbad"
    },
    "json": null,
    "origin": "36. 155. 28. 56",
    "url": "http://httpbin. org/post"
}

http://httpbin. org/post
```

提交表单参数，只更新表单数据 form。

提示

当发送请求方法为 GET 时，浏览器用 x-www-form-urlencoded 的编码方式把 form 数据转换为一个字符串 (name1 = value1&name2 = value2…)，然后把这个字符串 append 到 url 后面，用？分割，加载新的 url。

2. 发送 JSON 请求

JSON 参数设置的是 JSON 数据，提交 JSON 数据，更新的是数据 data，需要设置的信息头如下。

```
Content- Type: application/json
```

案例2　发送 JSON 提交表单数据

扫码看视频

以 POST 方式发送请求，访问 http：//httpbin. org/post，提交 JSON 数据。

PyCharm 程序如下。

```
#! /usr/bin/env python3
# -* - coding: UTF-8 -* -
# 导入模块库
import requests
# 定义字典数据
params = {"key1": "value1", "key2": "value2"}
# 定义编码方式。
headers = {"Content-Tpye": "application/json"}
# 设置 JSON 参数
responds = requests. post("http://httpbin. org/post", json=params, headers=headers)
print(responds. text["headers"])
print(responds. url)
```

运行结果如下。

```
{
  "args": {},
  "data": "{\"key1\": \"value1\", \"key2\": \"value2\"}",
  "files": {},
  "form": {},
  "headers": {
    "Accept": "* /* ",
    "Accept-Encoding": "gzip, deflate",
    "Content-Length": "36",
    "Content-Tpye": "application/json",
    "Content-Type": "application/json",
    "Host": "httpbin. org",
    "User-Agent": "python-requests/2. 26. 0",
    "X-Amzn-Trace-Id": "Root=1-620dfc83-65245c5946fbf18424b2ec04"
  },
  "json": {
    "key1": "value1",
    "key2": "value2"
  },
  "origin": "111. 62. 228. 201",
  "url": "http://httpbin. org/post"
}

http://httpbin. org/post
```

3. 发送 body 请求

在发起请求时，可以通过定义 body 参数及 headers 的 Content-Type 参数来发送一个已经过编译的 JSON 数据。

(1)定义 headers

```
# 发送 json 编码格式的数据 encoded_data
body = encoded_data,
#文件扩展名为 JSON
headers = {'Content-Type':'application/json'}
```

(2)body 参数

body 参数为字典格式的 JSON 数据。

案例3 发送 body 提交表单数据

扫码看视频

发送数据{'Python': 'sanweishuwu'}，利用 Urllib3 模块库中的 http. request( )函数发起请求。

PyCharm 程序如下。

```
#! /usr/bin/env python3
# -*- coding: UTF-8 -*-
# 导入模块库
import urllib3
import json
data = {'Python': 'sanweishuwu'}                # 定义字典类型的信息
# 将提交信息转换为 JSON 格式编码字符串
encoded_data = json. dumps(data)
# POST 方式发送请求
http = urllib3. PoolManager()                   # 创建代理 IP
url = 'https://httpbin. org/post'               # 定义网址
r = http. request('POST',url,
                  body=encoded_data,
                  headers={'Content-Type': 'application/json'})
print('发送 JSON 数据结果: ', r. status, sep = '\n')
print('显示 JSON 信息', r. data. decode(), sep = '\n')
```

运行结果如下。

```
发送 JSON 数据结果:
200
显示 JSON 信息
{
  "args": {},
  "data": "{\"Python\": \"sanweishuwu\"}",
```

```
    "files": {},
    "form": {},
    "headers": {
      "Accept-Encoding": "identity",
      "Content-Length": "25",
      "Content-Type": "application/json",
      "Host": "httpbin.org",
      "User-Agent": "python-urllib3/1.26.7",
      "X-Amzn-Trace-Id": "Root=1-62130fa6-68826edc4141ed353488259a"
    },
    "json": {
      "Python": "sanweishuwu"
    },
    "origin": "36.155.28.36",
    "url": "https://httpbin.org/post"
}
```

在上面的代码中，发送的 JSON 数据返回响应后，在响应数据"data""json"中显示 JSON 数据。

4. 设置 fields 参数

在 Urllib3 模块库中，fields 参数用于指定上传的数据，上传的数据可以是字典格式的数据，也可以是包含字典格式数据的文件。

案例4　发送 field 提交表单数据

对于 PUT 和 POST 请求(request)，Urllib3 会自动将字典类型的 field 参数编码成表格类型 form，作为请求的请求正文发送。

扫码看视频

PyCharm 程序如下。

```
#! /usr/bin/env python3
# -*- coding: UTF-8 -*-
# 导入模块库
import urllib3
from urllib.parse import urlencode
# 创建代理 IP 对象
http = urllib3.PoolManager()
# 定义字典数据
fields = {'Happy': 'birthday'}
resp = http.request('POST', 'http://httpbin.org/post',
                    fields=fields)
print('POST 方法设置 url 参数')
print(resp.data.decode())
```

运行结果如下。

```
POST 方法设置 url 参数
{
  "args": {},
  "data": " ",
  "files": {},
  "form": {
    "Happy": "birthday"
  },
  "headers": {
    "Accept-Encoding": "identity",
    "Content-Length": "132",
    "Content-Type": "multipart/form-data; boundary=ed8df8a8bfae601c5940294fec675c31",
    "Host": "httpbin.org",
    "User-Agent": "python-urllib3/1.26.7",
    "X-Amzn-Trace-Id": "Root=1-62144796-666c551508a0922906d5a3b3"
  },
  "json": null,
  "origin": "117.186.75.74",
  "url": "http://httpbin.org/post"
}
```

在上面的程序中，使用 POST 方法设置 fields 参数，作为请求的请求正文发送，通过表单 form 提交数据。

5.2.3 其他请求方法

HTTP 请求方法代表客户端想对服务器进行的操作，在 HTTP 请求方法中，GET、HEAD 从服务器获取信息到本地，PUT、POST、PATCH、DELETE 从本地向服务器提交信息，具体方法如表 5-5 所示。

表 5-5 HTTP 发送请求方法

方法	说明
requests.head()	获取 HTML 网页头信息的方法，对应于 HTTP 的 HEAD 方法
requests.post()	向 HTML 网页提交 POST 请求的方法，对应于 HTTP 的 POST 方法
requests.put()	向 HTML 网页提交 PUT 请求的方法，对应于 HTTP 的 PUT 方法
requests.patch()	向 HTML 网页提交局部修改请求，对应于 HTTP 的 PATCH 方法
requests.delete()	向 HTML 页面提交删除请求，对应于 HTTP 的 DELETE 方法
requests.options()	向 HTML 网页提交查看服务器性能的方法，对应于 HTTP 的 OPTIONS 方法

在 Requests 模块库中，requests.request 中的 method 参数指定的请求方式与

requests. get 等方法达到的效果相同，其余请求方式格式如下。

```
# GET 方法
r = requests. request(method ='GET', url =url, ** kwargs)
r = requests. get(url, ** kwargs)
# HEAD 方法
r = requests. request(method ='HEAD', url =url, ** kwargs)
r = requests. head(url, ** kwargs)
# POST 方法
r = requests. request(method ='POST', url =url, ** kwargs)
r = requests. post(url, ** kwargs)
# PUT 方法
r = requests. request(method ='PUT', url =url, ** kwargs)
r = requests. put(url, ** kwargs)
# PATCH 方法
r = requests. request(method ='PATCH', url =url, ** kwargs)
r = requests. patch(url, ** kwargs)
# DELET 方法
r = requests. request(method ='DELETE', url =url, ** kwargs)
r = requests. delete(url, ** kwargs)
# OPTIONS 方法
r = requests. request(method ='OPTIONS', url =url, ** kwargs)
r = requests. options(url, ** kwargs)
```

任务评价

评价内容	评价标准	分值/分	读者自评	教师评估
发送 GET 请求方法	能够发送 GET 请求	40		
发送 POST 请求方法	能够发送 POST 请求	40		
其他请求方法	熟悉其他请求方法	20		
总分		100		

任务 3　复杂网络请求

任务描述

了解了 Requests 的基本功能和使用方法后，小白明白了相对于简单的 HTML 请求，利用 request()函数中的不同参数进行数据传递等复杂的网络请求功能，而且生成的代码更稳定、更易于后期维护。于是摩拳擦掌，开始着手定义参数。要编写面对不同情况的代码，需要了解可设置的参数的种类与含义。

任务分析

本任务包含4个小节，主要讲述处理复杂网络请求的步骤：处理复杂请求头、上传文件、进行 Cookies 验证及保持会话。这些环节共同确保网络请求的高效与安全。

任务重点与实施

简单请求是默认不发送 Cookie 和 HTTP 等认证信息的请求；复杂网络请求是发送请求时，在请求数据中添加参数，定义数据的类型、长度、编码等信息，实现服务器认证代理、请求内容、定制头等功能。

5.3.1 复杂请求头

发送 HTTP 时，定制头部信息，可以隐藏网络爬虫信息，模拟浏览器的头部信息。在发送请求时，一般使用 headers 参数定义请求头。

Content-Type 可以通过服务器告知客户端本次响应体的数据格式及编码格式，如

```
Content-Type: text/html;charset = UTF-8
```

参数说明如下。

(1) text：表示文本内容。

(2) html：表示 html 格式。

(3) charset：编码格式。

浏览器会根据反馈的内容改变当前页面的字符集，在 Content-Type 中，响应体的数据格式如下。

(1) text/html：HTML 格式。

(2) text/plain：纯文本格式。

(3) text/xml：XML 格式。

(4) image/gif：GIF 图片格式。

(5) image/jpeg：JPG 图片格式。

(6) image/png：PNG 图片格式。

(7) application/xhtml+xml：XHTML 格式。

(8) application/xml：XML 数据格式。

(9) application/atom+xml：Atom XML 聚合格式。

(10) application/json：JSON 数据格式。

(11) application/pdf：PDF 格式。

(12) application/msword：Word 文档格式。

(13) application/octet-stream：二进制流数据(如常见的文件下载)。

(14) application/x-www-form-urlencoded：表单默认的提交数据的格式，<form encType=" ">中默认为 encType，form 表单数据被编码为 key/value 格式发送到服务器。

加入请求头还需要有请求来源，若想要在请求的时候增加一些请求头与请求来源，那么就必须使用 referer 参数来实现。

案例　发送定制请求头信息

使用 POST 请求方法访问测试网页、定义请求头参数、修改浏览器、添加请求头来源、定义响应的数据格式与编码格式。

扫码看视频

PyCharm 程序如下。

```
#! /usr/bin/env python3
# -* - coding: UTF-8 -* -
# 导入模块库
import requests
# 定义访问网页的网址
url = 'http://httpbin. org/post'
# 发送请求
r = requests. post(url)
# 输出响应数据
print('响应数据', r. text)
# 定义修改浏览器类型的请求头
headers = {'User- Agent':"Mozilla/4. 0(compatible; MSIE 5. 5; Windows NT)"}
# 发送请求
r = requests. post(url, headers=headers)
# 输出响应数据
print('响应数据', r. text)
# 定义请求头,修改浏览器、添加请求头来源、定义响应的数据格式与编码格式
headers={'User- Agent':"Mozilla/4. 0(compatible; MSIE 5. 5; Windows NT)",
        'referer':'http://www. hao123. com',
        'Content- Type':'application/pdf'}
# 发送请求
r = requests. post(url, headers=headers)
# 输出响应数据
print('响应数据', r. text)
```

运行结果如下。

```
响应数据 {
  "args": {},
  "data": " ",
  "files": {},
```

```
    "form": {},
    "headers": {
      "Accept": "* /* ",
      "Accept-Encoding": "gzip, deflate",
      "Content-Length": "0",
      "Host": "httpbin. org",
      "User-Agent": "python-requests/2. 26. 0",
      "X-Amzn-Trace-Id": "Root=1-621483cc-16d4d26a0354927e54b2a9bb"
    },
    "json": null,
    "origin": "111. 62. 228. 194",
    "url": "http://httpbin. org/post"
}

响应数据 {
    "args": {},
    "data": " ",
    "files": {},
    "form": {},
    "headers": {
      "Accept": "* /* ",
      "Accept-Encoding": "gzip, deflate",
      "Content-Length": "0",
      "Host": "httpbin. org",
      "User-Agent": "Mozilla/4. 0(compatible; MSIE 5. 5; Windows NT)",
      "X-Amzn-Trace-Id": "Root=1-621483cc-1cea19186b1921c561761af5"
    },
    "json": null,
    "origin": "111. 62. 228. 194",
    "url": "http://httpbin. org/post"
}

响应数据 {
    "args": {},
    "data": " ",
    "files": {},
    "form": {},
    "headers": {
      "Accept": "* /* ",
      "Accept-Encoding": "gzip, deflate",
      "Content-Length": "0",
      "Content-Type": "application/pdf",
      "Host": "httpbin. org",
      "Referer": "http://www. hao123. com",
      "User-Agent": "Mozilla/4. 0(compatible; MSIE 5. 5; Windows NT)",
```

```
        "X-Amzn-Trace-Id": "Root=1-621483cd-03a741cf4fe5e6f078ec11e1"
    },
    "json": null,    "origin": "111.62.228.194",
    "url": "http://httpbin.org/post"
}
```

5.3.2　上传文件

客户端浏览器向服务端发送 HTTP 请求时有一类特殊的请求，就是上传文件。发送其他值时，可能是以字节为单位的；上传文件时，可能是以 KB 或 MB 为单位的。因为发送的文件尺寸通常比较大，所以上传的文件内容会使用 multipart/form-data 格式进行编码。上传文件的步骤如下。

(1) 使用 fields 关键字参数指定一个描述上传文件的 HTTP 请求头字段。

(2) 通过元组指定相关属性，如上传文件名、文件类型等。

在 requests 模块库中，发送 post 请求时，实现上传文件，格式如下。

```
r =requests.post(url, files=files, data=values)
```

files 参数定义上传文件，如

```
open('file.txt', 'wb') # 新建文件
# 在文件中写入数据
files = {'upload_file': open('file.txt', 'rb')}
```

或

```
files = {'upload_file': ('foobar.txt', open('file.txt', 'rb'), 'text/x-spam')}
```

案例　上传二进制数据

扫码看视频

发送 POST 请求，通过定义 field 参数，上传如图 5-7 所示的文件。

图 5-7　上传文件

PyCharm 程序如下。

```
#! /usr/bin/env python3
# -*- coding: UTF-8 -*-
# 导入模块库
import urllib3
# 创建代理 IP 对象
http = urllib3. PoolManager()
# 读取文件中的数据
with open('D:/NewPython/网页/field_file. txt') as fp:
    file_ data = fp. read()
r = http. request('POST', 'http: //httpbin. org/post', \
                fields ={'PYTHON': ('D: /NewPython/网页/field_file. txt', file_data)})
# 输出字符串格式的源代码
print(r. data. decode())
```

运行结果如下。

```
{
  "args": {},
  "data": " ",
  "files": {
    "PYTHON": "2022    Super Star\n"
  },
  "form": {},
  "headers": {
    "Accept- Encoding": "identity",
    "Content- Length": "215",
    "Content- Type": "multipart/form- data; boundary =1b66e876ed2c69b09549d78d1186b9c2",
    "Host": "httpbin. org",
    "User- Agent": "python- urllib3/1. 26. 7",
    "X- Amzn- Trace- Id": "Root =1 - 621342a3 - 4c9acc010eb9de0a3623381c"
  },
  "json": null,
  "origin": "111. 62. 228. 200",
  "url": "http://httpbin. org/post"
}
```

在上面的运行结果中发现，field 参数中包含上传的文件信息。

5.3.3 Cookies 验证

为了获取登录之后的页面，必须发送带有 Cookies 的请求，此时为了确保账号安全，应该尽量降低数据采集速度。如

```
'Cookie': 'XXXXXXX'
```

发送请求登录网站后，r. cookies 显示返回的响应数据中的 Cookies，默认返回的是 RequestsCookieJar 格式的字符串。

requests. utils. dict _ from _ cookiejar 可以将 Cookie 信息转换为字典格式，requests. utils. cookiejar_ from_dict 可以将 Cookie 字典格式信息转换为对象。两者互为逆运算。

案例　输出 Cookies 信息

扫码看视频

登录百度网站，输出字符串格式与字典格式的 Cookies 信息。

PyCharm 程序如下。

```
#! /usr/bin/env python3
# -* - coding: UTF-8 -* -
# 导入模块库
import requests
# 定义访问网页的网址
url = 'https://www. baidu. com'
# 使用 request 函数发送请求
r = requests. request(method ='GET', url =url)
# 输出响应数据
print("* "* 10, '返回 Cookies 对象', "* "* 10)
# 获取 Cookie 信息
print(r. cookies)
# 将 Cookie 格式信息转换为字典格式信息
content = requests. utils. dict_from_cookiejar(r. cookies)
# 输出字典格式的 Cookie
print(content)
运行结果如下。
********** 返回 Cookies 对象 **********
<RequestsCookieJar[ <Cookie BDORZ =27315 for . baidu. com/>] >
{'BDORZ': '27315'}
```

5. 3. 4　会话保持

会话(session)保持是在负载均衡器上的一种机制，可以识别客户端与服务器之间交互过程的关联性，在做负载均衡的同时还可保证一系列相关联的访问请求都会分配到一台机器上。

例如，使用 session 成功地登录了某个网站，则在再次使用该 session 对象登录该网站的其他网页时，都会默认使用该 session 之前使用的 Cookie 等参数。

requests 库的 session( ) 函数用于创建会话对象，可以跨请求保持某些参数，其调用格式如下。

```
session = requests. session()
```

得到 session 对象之后，就可以调用该对象中的方法来发送请求。通过 session 来发送 GET、POST、DELETE、PUT 等请求并获取响应，下面介绍常用的 GET、POST 方法，其调用格式如下。

```
response1 = session. get(url, params, headers)
response2 = session. post(url, data, json, headers)
```

案例 通过 session 对象和 requests 发送 GET 请求

扫码看视频

session 对象代表一次用户会话：从客户端浏览器连接服务器开始，到客户端浏览器与服务器断开。通过 session 对象发送 get 请求关闭后保存 Cookie；requests 发送 get 请求后，不保存 Cookie。

PyCharm 程序如下。

```
#! /usr/bin/env python3
# -* - coding: UTF-8 -* -
# 导入模块库
import requests
# 创建会话对象
s = requests. Session()
# 发送带 Cookie 的 get 请求
s. get('http://httpbin. org/cookies/set/sessioncookie/number123456')
# 重新发送请求
r = s. get("http://httpbin. org/cookies")
# 显示响应数据
print('Session 请求')
print(r. text)
# 发送带 Cookie 的 get 请求
requests. get('http://httpbin. org/cookies/set/sessioncookie/number123456')
# 重新发送请求
r = requests. get("http://httpbin. org/cookies")
# 显示响应数据
print('requests 请求')
print(r. text)
```

运行结果如下。

```
{
Session 请求
  "cookies": {
    "sessioncookie": "number123456"
  }
}

requests 请求
```

```
{
  "cookies": {}
}
```

从上面的代码中可以发现，session 对象能够自动获取到 Cookie，并且可以在下一次请求中自动带上我们所得到的 Cookie 信息，不用人为地去填写。使用 session 对象效率会更高，不用每次都将 Cookie 信息放到请求内容中。

任务评价

评价内容	评价标准	分值/分	读者自评	教师评估
复杂请求头	能够发送定制请求头信息	25		
上传文件	能够在发送 post 请求时实现上传文件	25		
Cookies 验证	能够输出 Cookies 信息	25		
会话保持	通过 session 对象和 requests 发送 GET 请求	25		
总分		100		

任务 4　异 常 处 理

任务描述

小白在发送请求时，因为不同的原因，经常会遇到警告信息。有些是语法错误，可以很快进行修改；还有一些是运行失败异常，需要根据具体原因进行修改，但警告信息中不会清晰地显示错误原因。为了快速得到正确的程序，使用函数对这些异常进行分类。那么如何进行异常处理？Python 包含哪些异常？

任务分析

本任务包含 4 个小节，分别介绍了 Python 编程中的异常处理技巧：使用 try-except 语句进行基本的异常捕获与处理；学习如何利用 urllib 异常处理模块处理与网络请求相关的异常；掌握 urllib3 异常处理模块的使用方法，以更精细地控制网络请求的异常处理；最后，了解 requests 异常处理模块，提高在 HTTP 请求中的异常处理能力。

任务重点与实施

异常是一个事件，该事件会在程序执行过程中发生，影响程序的正常执行。一般情况下，在 Python 无法正常处理程序时就会发生一个异常。

异常是 Python 对象，表示一个错误。当 Python 脚本发生异常时，需要捕获处理它，否则程序会终止执行。捕捉异常一般使用 try - except 语句与异常处理模块(urllib. error 模块、request. exceptions 模块)，保证程序不会终止。

5.4.1 try-except 语句

try-except 结构在程序调试时很有用，下面对其进行简单介绍。

1. try-except 结构

try-except 语句主要用于处理程序正常执行过程中出现的一些异常情况，如语法错误(Python 作为脚本语言没有编译环节，在执行过程中会对语法进行检测，若出错，则发出异常消息)、数据除零错误、从未定义的变量上取值等。其一般格式如下。

```
try:
    <语句 1>
except:
    <语句 2>
```

在上面的代码中，若 try 语句 1 没有出现错误，则不执行 except 中的语句 2；若 try 语句 1 出现错误，则执行 except 中的语句 2。

2. try-except-else 结构

在 Python 中，还有另外一种异常处理结构，即 try-except-else 结构，其一般格式如下。

```
try:
    <语句 1>
except:
    <语句 2>
else:
    <语句 3>
```

3. 嵌套循环

在 Python 中，允许在一个循环中嵌入另一个循环，这被称为循环嵌套。Python 允许以 try-except 结构的循环进行嵌套。其一般格式如下。

```
try:
    <语句 1>
except:
    if 表达式 1:
        语句
```

5.4.2 Urllib 异常处理模块

Urllib 的 error 模块定义了由 request 模块产生的异常，如果运行出现问题，则 request 模块会显示 error 模块中定义的异常。使用前需要导入模块，如

```
from urllib import error, request
```

1. URLError

URLError 表示打开一个不存在的页面，由 request 模块产生的异常都可以通过捕获这个类来处理。

2. HTTPError

HTTPError 是 URLError 的子类，专门用来处理 HTTP 请求错误，如认证请求失败等。HTTPError 有以下 3 个属性。

(1) code：返回 HTTP Status Code(即状态码)，如“404 网页不存在”“500 服务器内部错误”等。

(2) reason：返回错误的原因。

(3) headers：返回头信息 Request Headers。

案例1 处理 URLError 异常

URLError 是 HTTPError 的父类，所以可以先选择捕获子类的错误，再去捕获父类的错误；先捕获 HTTPError，再获取它的错误状态码、原因、Headers 等详细信息。

扫码看视频

PyCharm 程序如下。

```
#! /usr/bin/env python3
# -* - coding: UTF-8 -* -
from urllib import error, request
try:
    resp = request. urlopen('http://www. baidu. con/')
    # 没有异常,输出指定信息
    print(resp. getheader('Server'))
except error. URLError as e:
    # 出现异常,输出异常原因
print(e. reason)
```

运行结果如下。

```
[Errno 11001] getaddrinfo failed
```

案例2 处理 urllib 异常

扫码看视频

如果是非 HTTPError，再捕获 URLError 异常，输出错误原因，最后用 else 来处理正常的逻辑。

PyCharm 程序如下。

```
#! /usr/bin/env python3
# -* - coding: UTF-8 -* -
from urllib import error, request
try:
    resp = request. urlopen('http://www. baidu. con/')
    # 没有异常,输出指定信息
    print(resp. getheader('Server'))
except error. HTTPError as e:
    # 出现异常,输出异常原因
    print('HTTPError')
    print(e. reason, e. code, e. headers, sep ='\n')
except error. URLError as e:
    # 出现异常,输出异常原因
    print('URLError')
    print(e. reason)
else:
    print('No Error')
```

运行结果如下。

```
URLError
[Errno 11001] getaddrinfo failed
```

5.4.3 Urllib3 异常处理模块

网络请求方式通常分为两种，分别是 HTTP 请求和 HTTPS 请求，HTTPS 是一种在 HTTP 的基础上加了 SSL/TLS 层(安全套接层)的安全的超文本传输协议。

默认情况下，Urllib3 不进行 HTTPS 请求验证，即不认证服务器的证书。但系统强制验证 https 的安全证书，如果没有通过是不能通过请求的。

在 Urllib3 中，disable_warnings( ) 函数用来禁用各种警告。发送请求时虽然添加了忽略验证的参数，但是依然会给出醒目的“Warning：InsecureRequestWarning”。若在 HTTPS 请求之前进行服务器验证，则需要在客户端安装根证书。

5.4.4 request 异常处理模块

1. 常见异常错误

在用 Python 的 requests 模块进行网络爬虫时，会遇到网络的各种变化，可能会使请求过程发生各种未知的错误而导致程序中断，request. exceptions 模块定义了各种异常错误，如表 5-6 所示。为了使程序在发送请求遇到错误时可以捕获这种错误，就要用到 try-except 方法。

表 5-6　request. exceptions 模块定义的异常错误

异常	说明
HTTPError(RequestException)	响应错误
UnrewindableBodyError(RequestException)	模块库导入错误
RetryError(RequestException)	模块库导入重装错误
ConnectionError(RequestException)	连接地址无效错误
ProxyError(ConnectionError)	代理错误
SSLError(ConnectionError)	SSL 证书(安全证书)错误
ConnectTimeout(ConnectionError, Timeout)	连接超时错误
ContentDecodingError(RequestException, BaseHTTPError)	

案例　处理 request 响应错误

扫码看视频

PyCharm 程序如下。

```
#! /usr/bin/env python3
# -*- coding: UTF-8 -*-
# 导入模块库
import requests
# 定义网址
url = 'http://www. baidu. com/5/'
# 使用 requests 模块发送申请
response = requests. get(url)                    # 返回请求对象
print(response. status_code)                     # 显示正常状态码 200，异常状态码都不能显示
try:
    response. raise_for_status()                 # 若状态码不是 200，则出现 HTTPError 异常
    response. encoding = response. apparent_encoding # 保证页面编码正确
except:
    print("异常!")
```

运行结果如下。

```
404
异常!
```

2. 证书验证错误

任何网站都是需要安装 SSL 证书的，没有安装 SSL 证书还在使用 HTTP 的网站，会在浏览器中发出非 https 网站、提示不安全的警告，如图 5-8 所示。

SSL 证书可保护网站免受网络钓鱼网站的诈骗、数据泄露和许多其他威胁的侵害，可以为访问者和网站构建一个安全的网络环境，让访问者可以放心、自由自在地浏览。

在 requests 中，verify = False 表示关闭 SSL 证书验证。

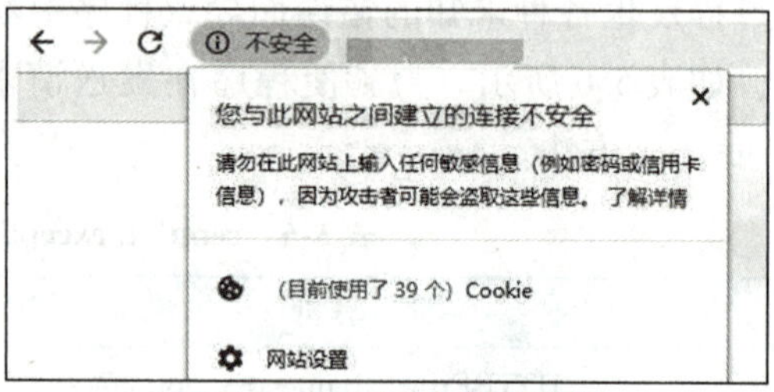

图 5-8　提示不安全的警告

```
import requests
url = 'https://pacas-login.pingan.com.cn/cas/PA003/ICORE_PTS/login'
page = requests.get(url, verify=False)
print(page.text)
```

运行结果如下。

```
requests.exceptions.SSLError: HTTPSConnectionPool(host='pacas-login.pingan.com.cn', port=443): Max retries exceeded with url: /cas/PA003/ICORE_PTS/login (Caused by SSLError(SSLError(1, '[SSL: DH_KEY_TOO_SMALL] dh key too small (_ssl.c:997)')))
```

在进行 SSL 连接时，收到一个 SSL 错误，请求无法通过。出现“dh key too small”，这种情况是由 OpenSSL 的更改引起的。服务器在密钥交换中使用弱 DH 密钥，并且由于 Logjam 攻击，最新版本的 OpenSSL 强制执行非弱 DH 密钥。

服务器所使用的弱 DH 密钥，可能会被误用在逻辑阻塞攻击中。要解决这个问题，需要选择一个不使用 DiffieHellman 密钥交换的密码。这个密码必须得到服务器的支持，如 AES128-SHA 或一组密码 HIGH:! DH:! aNULL。

如果网站的 SSL 证书是经过 CA 认证的，则需要单独处理 SSL 证书，导入 Urllib3 模块来禁用警告，让程序忽略 SSL 证书验证错误，即可正常访问。

任务评价

评价内容	评价标准	分值/分	读者自评	教师评估
Try-except 语句	熟悉 Try-except 语句	25		
Urllib 异常处理模块	能够处理 URLError 异常	25		
Urllib3 异常处理模块	熟悉 Urllib3 异常处理模块	25		
request 异常处理模块	能够处理 request 响应错误	25		
总分		100		

项 目 小 结

本项目主要介绍了 Requests 模块库在 Python 中的应用。首先介绍了发送基本的 HTTP 请求并处理响应数据；其次介绍了不同的请求方法及其实际应用；再次介绍了如何处理需要认证、参数和头部信息的复杂网络请求，以及如何使用 cookies 和会话管理来维持状态；最后介绍了异常处理的重要性，确保程序的稳定性。通过本项目的学习，不仅能让读者可以熟练使用 Requests 库进行网络编程，还能更好地理 HTTP 协议及其应用。

项 目 实 战

实战　爬取豆瓣最受欢迎的影评网址

豆瓣最受欢迎的影评网页如图 5-9 所示，包含 5 页，以 POST 方式发送请求，通过设置 params 参数定义新的 url，实现翻页功能。

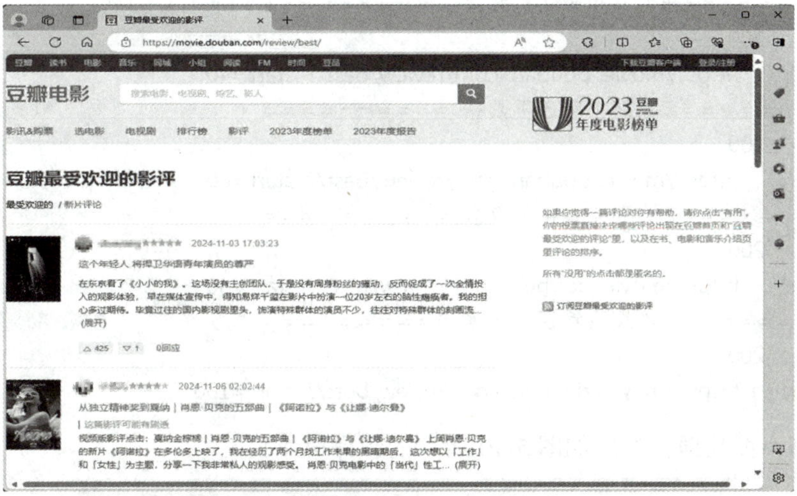

图 5-9　豆瓣最受欢迎的影评网页

PyCharm 程序如下。

```
#! /usr/bin/env python3
# -*- coding: UTF-8 -*-
# 导入模块
import requests
url ="https://movie. douban. com/review/best/"
# 定义火狐浏览器类型
headers = {'User- Agent':
            'Mozilla/5. 0 (Windows NT 10. 0; Win64; x64) AppleWebKit/537. 36 \
            (KHTML, like Gecko) Chrome/60. 0. 3100. 0 Safari/537. 36'}
# 实现翻页功能
for num in range(0, 5):
    print(" ="* 10, "正在爬虫第"+str(num+1)+"页数据", " ="* 10)
```

```
    # 定义翻页参数
    params = {"start":str(num* 20)}
    # 设置 params 参数
    responds = requests. post(url, params=params, headers=headers)
    print("状态码：", responds. status_code)
    url1 = responds. url
    print("访问网址：", url1)
```

运行结果如下。

```
==========正在爬虫第 1 页数据 ==========
状态码： 200
访问网址： https://movie. douban. com/review/best/? start=20
==========正在爬虫第 2 页数据 ==========
状态码： 200
访问网址： https://movie. douban. com/review/best/? start=40
==========正在爬虫第 3 页数据 ==========
状态码： 200
访问网址： https://movie. douban. com/review/best/? start=60
==========正在爬虫第 4 页数据 ==========
状态码： 200
访问网址： https://movie. douban. com/review/best/? start=80
==========正在爬虫第 5 页数据 ==========
状态码： 200
访问网址： https://movie. douban. com/review/best/? start=100
```

单击第 4 页数据，弹出如图 5-10 所示的影评第 4 页。

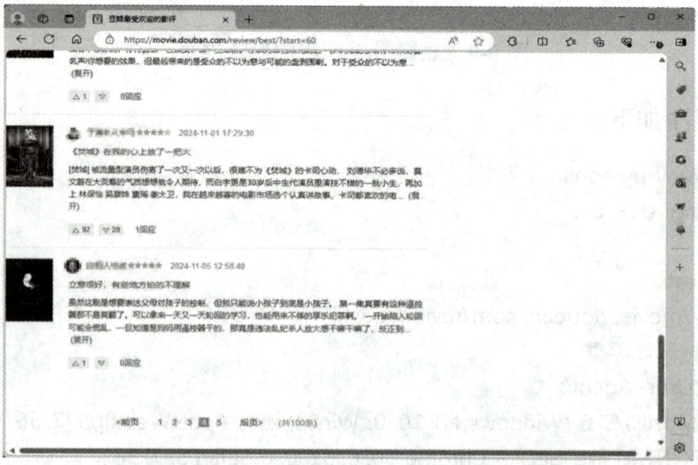

图 5-10　第 4 页豆瓣最受欢迎的影评网页

项目6 解析网页

项目导读

网页解析是指从网页服务器返回的信息中提取想要的数据的过程。Python 的第三方库中还包含专门从 HTML 代码中提取特定文本的模块库，即网页解析库，如 bs4、lxml、pyquery 等。网页解析过程类似处理字符串的过程。

学习目标

◆ 知识目标

1. 掌握利用正则表达式编写简单的网页解析程序。
2. 能够利用 XPath 编写简单的网页解析程序。
3. 能够利用 BeautifulSoup 编写简单的网页解析程序。

◆ 技能目标

1. 能够用字符串查找、替换和分割操作处理网页数据。
2. 能够结合 XPath 和 lxml 解析网页内容。
3. 会查找节点内容。

◆ 素质目标

1. 通过解析网页，提高读者动手实操能力。
2. 使读者深入理解理论知识，培养读者解决问题的能力。

◆ 思政目标

1. 培养读者敬业、勤业、精业、乐业的精神。
2. 激发读者为国家信息化发展贡献智慧和力量的热情。

任务 1　正则表达式解析网页

任务描述

发出网络请求获取响应后，面对返回的响应数据，小白根本无从下手一度想要放弃。小白收拾心情，重新整理问题。在学习群里向不同的学长请教，大家给出很多意见，小白还是无从下手。思前想后，小白决定从最简单的 re 模块开始学习。那么，Python 中的 re 模块有什么用途呢？re 模块如何实现网页解析？

任务分析

本任务包含 5 个小节，包含正则表达式的基础模式匹配、Python 的 re 模块使用、字符串查找、替换以及分割操作。通过这些内容，能够更好地帮助用户利用正则表达式高效处理文本的方法。

任务重点与实施

网络爬虫获取的网页内容 HTML 本质是字符串，处理字符串基本的方法是通过相关的字符串函数，但效率很低，容易出错。除此之外，还可以使用正则表达式(regular expression，RE)处理字符串。

正则表达式是对字符串进行操作的一种逻辑公式，就是用事先定义好的一些特定字符及这些特定字符的组合，组成一个“规则字符串”，这个“规则字符串”用来表达对字符串的一种过滤逻辑。

正则表达式用于描述一组字符串的特征，用来验证特定的字符串。通过特殊字符+普通字符来进行模式描述，从而达到文本验证的目的。正则表达式目前被集成到了各种文本编辑器和文本处理工具当中，正则表达式字符串的处理方法包括查找、替换、分割。

6.1.1　正则表达式模式

正则表达式描述了一种字符串验证的模式(pattern)，可以用来检查一个字符串是否含有某种子串、将验证的子串替换或从某个字符串中取出符合某个条件的子串等。下面介绍几种常用模式。

(1)runoo+b：可以验证 runoob、runooob、runoooooob 等，+号代表前面的字符必须

至少出现 1 次(1 次或多次)。

(2)runoo * b：可以验证 runob、runoob、runoooooob 等，* 号代表前面的字符可以不出现，也可以出现 1 次或多次(0 次或 1 次或多次)。

(3)colou? r：可以验证 color 或 colour，? 号代表前面的字符最多只可以出现 1 次(0 次或 1 次)。

正则表达式是由普通字符(如字符 a ~ z)及特殊字符(被称为“元字符”)组成的文字模式。示例如下。

```
^[0-9]+abc $
```

参数说明如下。

(1)^：验证输入字符串的开始位置。

(2)[0-9]+：验证多个数字，[0-9]验证单个数字，+ 验证一个或多个数字。

(3)abc $：验证字母 abc，并以 abc 结尾，$ 为验证输入字符串的结束位置。

1. 普通字符

普通字符包括没有显式指定为元字符的所有可打印和不可打印字符。这包括所有大写和小写字母、所有数字、所有标点符号和一些其他符号。

2. 特殊字符

特殊字符就是一些有特殊含义的字符，如 runoo * b 中的 *，简单地说就是表示任何字符串。如果要查找字符串中的 * 符号，则需要对 * 进行转义，即在其前加一个 \，runo \ * ob 验证字符串 runo * ob。

许多元字符要求在试图验证它们时被特别对待。若要验证这些特殊字符，则必须首先使字符转义，即将反斜杠字符 \ 放在前面。正则表达式特殊字符如表 6-1 所示。

表 6-1　正则表达式特殊字符

调用格式	说明
$	验证输入字符串的结尾位置。如果设置了 RegExp 对象的 Multiline 属性，则 $ 也验证'\ n'或'\ r'。如果要验证 $ 字符本身，则使用 \ $
( )	标记一个子表达式的开始和结束位置。子表达式可以获取供以后使用。如果要验证这些字符，则使用 \ (和 \ )
*	验证前面的子表达式 0 次或多次。如果要验证 * 字符，则使用 \ *
+	验证前面的子表达式 1 次或多次。如果要验证+字符，则使用 \ +
.	验证除换行符 \ n 外的任何单字符。如果要验证 .，则使用 \ .
[	标记一个中括号表达式的开始。如果要验证[，则使用 \ [
?	验证前面的子表达式 0 次或 1 次，或指明一个非贪婪限定符。若要验证? 字符，则使用 \ ?

(续表)

调用格式	说明
\	将下一个字符标记为特殊字符，或原义字符，或向后引用，或八进制转义符。例如，'n '验证字符'n'。'\ n'验证换行符。序列'\ \ '验证" \ "，而'\ ('则验证" ("
^	验证输入字符串的开始位置，除非在方括号表达式中使用，当该符号在方括号表达式中使用时，表示不接收该方括号表达式中的字符集合。要验证^字符本身，则使用\ ^
{	标记限定符表达式的开始。如果要验证{，则使用\ {
|	指明两项之间的一个选择。如果要验证 | ，则使用\ |

3. 限定符

限定符用来指定正则表达式的一个给定组件必须要出现多少次才能满足验证，包括 * 或+或？或{n}或{n,}或{n，m}共 6 种，具体含义如表 6-2 所示。

表 6-2　正则表达式限定符

调用格式	说明
*	验证前面的子表达式 0 次或多次。例如，zo * 能验证" z" 及" zoo" 。 * 等价于{0,}
+	验证前面的子表达式 1 次或多次。例如，'zo+' 能验证" zo" 及" zoo" ，但不能验证" z" 。+ 等价于{1,}
?	验证前面的子表达式 0 次或 1 次。例如，" do(es)？" 可以验证" do" " does" 中的" does" 和" doxy" 中的" do" 。? 等价于{0，1}
{n}	*n* 是一个非负整数。验证确定的 *n* 次。例如，'o{2}'不能验证" Bob" 中的'o'，但是能验证" food" 中的两个 o
{n,}	*n* 是一个非负整数。至少验证 *n* 次。例如，'o{2,}'不能验证" Bob" 中的'o'，但能验证" fooood" 中的所有 o。'o{1,}'等价于'o+'，'o{0,}'则等价于'o * '
{n，m}	*m* 和 *n* 均为非负整数，其中 $n \leqslant m$。最少验证 *n* 次且最多验证 *m* 次。例如，" o{1，3}" 将验证" foooood" 中的前 3 个 o。'o{0，1}'等价于'o？'。注意：在逗号和两个数之间不能有空格

4. 创建模式字符串

模式是正则表达式最基本的元素，它们是一组描述字符串特征的字符。模式可以很简单，由普通的字符串组成，也可以非常复杂，往往用特殊的字符表示一个范围内的字符、重复出现，或表示上下文。

在 Python 中使用正则表达式时，是将其作为模式字符串使用的。例如，将验证一个大写字母的正则表达式表示为模式字符串，可以使用引号将其括起来。

```
'[TA-z]'
```

在创建模式字符串时，可以使用单引号、双引号或三引号，但更加推荐使用单引号，不建议使用三引号。

如果将验证以字母 m 开头的单词的正则表达式转换为模式字符串，则不能直接在其两侧添加引号定界符。例如，下面的代码是不正确的。

```
'\bm\w* \b'
```

而是需要将其中的“\”进行转义，转义后的结果如下。

```
'\\bm\\w* \\b'
```

由于模式字符串中可能包括大量的特殊字符和反斜杠，所以需要改写为原生字符串，即在模式字符串前加 r 或 R。例如，上面的模式字符串采用原生字符串的形式表示如下。

```
r'\bm\w* \b'
```

提示

在编写模式字符串时，并不是所有的反斜杠都需要进行转换。例如，正则表达式“^\d{8}$”中的反斜杠就不需要转义，因为其中的\d 并没有特殊意义。不过，为了编写方便，本书中所写的正则表达式都采用原生字符串表示。

6.1.2　使用 re 模块实现正则表达式

当前绝大多数网页源代码是用 HTML 编写的，而 HTML 是非常有规律性的，例如，所有文章标题都具有相同结构，也就是说它周围的字符串都是非常类似的，这样才能批量获取。

正则表达式模块 re 是处理字符串的强大工具，拥有自己独特的语法和处理引擎。re 模块是文件处理中必不可少的模块，它主要应用于字符串的查找、定位等。

在使用网络爬虫时，即使没有网络爬虫框架，re 模块配合 Urllib3 模块库也可以完成简单的网络爬虫功能。

构造正则表达式的方法和创建数学表达式的方法一样，即用多种元字符与运算符可以将小的表达式结合在一起来创建更大的表达式。正则表达式的组件可以是单个的字符、字符集合、字符范围、字符间的选择或所有这些组件的任意组合。

Python 提供了 re 模块，用于实现正则表达式的操作，步骤如下。

(1)使用 re 模块 compile 方法将模式字符串转换为 Pattern 对象。

(2)使用该对象提供的方法进行字符串处理，也可以直接使用 re 模块提供的方法进行字符串处理。

(3)获得验证结果，验证结果为一个 Match(验证)对象。

在使用 re 模块时，需要先应用 import()导入，例如

```
import re
```

如果在使用 re 模块时，未将其导入，则显示警告信息。

```
Traceback (most recent call last):
  File"D:\pythonProject\Python file 01. py", line 2, in <module>
    re
NameError: name 're' is not defined
```

在 re 模块中，包含一个重要函数 compile( )，根据包含的正则表达式的字符串创建模式对象。其调用格式如下。

```
compile(pattern [, flags])
```

该函数可以实现更有效率的匹配。在直接使用字符串表示的正则表达式进行 search、match 和 findall 操作时，Python 会将字符串转换为正则表达式对象。而使用 compile 完成一次转换之后，在每次使用模式时就不用重复转换。

使用 re. compile( ) 函数进行转换后，re. search(pattern，string) 的调用方式就转换为 pattern. search（string) 的调用方式。

6.1.3 字符串查找

使用 re 模块提供的 match( ) 、seardh( ) 、findall( ) 和 finditer( ) 等函数查找字符串。

1. 使用 match( ) 函数进行查找

match( ) 函数用于从字符串的开始处进行查找，其调用格式如下。

```
re. match(pattern, string, flags)
```

参数说明如下。

(1) pattern：表示模式字符串，由要查找的正则表达式转换而来。

(2) string：表示要查找的字符串。

(3) flags：表示标志位，用于控制查找方式，如是否区分字母的大小写。可选标志如表 6-3 所示。

表 6-3 可选标志

调用格式	说明
re. I	不区分大小写
re. L	区分本地化识别(locale-aware)
re. M	区分多行符号^ 和 $
re. S	区分包括换行在内的所有字符
re. U	根据 Unicode 字符集解析字符，包括 \ w、\ W、\ b、\ B
re. X	给予更灵活的格式，以便人们将正则表达式写得易于理解

案例1　字符查找演示

扫码看视频

PyCharm 程序如下。

```
#! /usr/bin/env python3
# -* - coding: UTF-8 -* -
import re     # 导入 re 模块
print(re. match('http:', 'http://www. baidu. com/s'))          # 在起始位置查找
print(re. match('http:', 'https://www. baidu. com/s'))         # 在起始位置查找
```

运行结果如下。

```
<re. Match object; span=(0, 5), match='http:'>
None
```

如果在起始位置查找成功，则返回 Match 对象，否则返回 None。对于返回的 Match 对象，包括两个属性：span 和 match。

使用 span 对象函数获取查找位置。

使用 group(num)或 groups()对象函数获取查找表达式 match。

案例2　字符查找对象演示

扫码看视频

PyCharm 程序如下。

```
#! /usr/bin/env python3
# -* - coding: UTF-8 -* -
import re     # 导入 re 模块
pattern = r'(. * )www(. * ?). * '       # 查找以 HTT 开头的字符
string = 'https://www. jetbrains. com/pycharm? /download/#section=windows'     # 要查找
的字符串
# 在起始位置设置查找格式
match = re. match(pattern, string)
# 输出查找信息
print('查找结果：', match)

print('查找结果位置：', match. span())
print('查找结果表达式：', match. group())
```

运行结果如下。

```
查找结果：  <re. Match object; span=(0, 60), match='https://www. jetbrains. com/pycharm? /
download/#sect>
查找结果位置：  (0, 60)
查找结果表达式：  https://www. jetbrains. com/pycharm? /download/#section=windows
```

例如，查找字符串是否以“mr_”开头，不区分字母的大小写。

案例3 字符大小写查找演示

扫码看视频

PyCharm 程序如下。

```
#! /usr/bin/env python3
# -* - coding: UTF-8 -* -
import re      # 导入 re 模块
pattern = r'HTT\w+'                                              # 查找以 HTT 开头的字符
string = 'https://www. jetbrains. com/pycharm/download/#section=windows'
                                                                 # 要查找的字符串
# 在起始位置设置查找格式
match_1 = re. match(pattern, string, re. I)                      # 不区分大小写
match_2 = re. match(pattern, string)                             # 区分大小写
# 输出查找信息
print(match_1)
print(match_2)
```

运行结果如下。

```
<re. Match object; span=(0, 5), match='https'>
None
```

2. 使用 search( ) 函数进行查找

search( ) 函数用于从整个字符串进行查找，如果在开始位置查找成功，则返回 Match 对象，否则返回 None。其调用格式如下。

```
re. search(pattern, string, flags)
```

参数说明如下。

(1) pattern：表示模式字符串，由要查找的正则表达式转换而来。

(2) string：表示要查找的字符串。

(3) flags：表示标志位，用于控制查找方式，如是否区分字母的大小写。

案例4 区分大小写字符查找

扫码看视频

PyCharm 程序如下。

```
#! /usr/bin/env python3
# -* - coding: UTF-8 -* -
import re      # 导入 re 模块
pattern = r'http* \w+'                                           # 查找字符
string = 'HTTP://www. baidu. com/s'                              # 要查找的字符串
# 设置查找格式
search1 = re. search(pattern, string, re. I)                     # 不区分大小写
# 输出查找信息
```

```
print('不区分大小写查找结果：', '\n', search1)
# 设置查找格式
search2 = re.search(pattern, string)                    # 区分大小写
# 输出查找信息
print('区分大小写查找结果：', '\n', search2)
```

运行结果如下。

```
不区分大小写查找结果：
 <re.Match object; span=(0, 4), match='HTTP'>
区分大小写查找结果：
 None
```

提示

re.match()函数只查找字符串的开始，如果字符串开始不符合正则表达式，则查找失败，函数返回 None，而 re.search()函数查找整个字符串，直到找到一个为止。

3. 使用 findall()函数进行查找

findall()函数用于在字符串中找到正则表达式所查找的所有子串，并返回一个列表，如果有多个查找模式，则返回元组列表；如果没有找到查找的，则返回空列表。其调用格式如下。

```
re.findall (pattern, string, flags)
```

或

```
pattern.findall(string[, pos[, endpos]])
```

参数说明如下。

(1) pattern：表示模式字符串，由要查找的正则表达式转换而来。

(2) string：表示要查找的字符串。

(3) flags：表示标志位，用于控制查找方式，如是否区分字母的大小写。

(4) pos：指定字符串的起始位置，默认为 0。

(5) endpos：指定字符串的结束位置，默认为字符串的长度。

案例5　在网址中查找数字

扫码看视频

PyCharm 程序如下。

```
#! /usr/bin/env python3
# -*- coding: UTF-8 -*-
import re      # 导入 re 模块
pattern = r'\d+'     # 查找数字
# 要查找的字符串
```

```
string = 'http://baike. baidu. com/item/% E7% 8C% AB/22261? fr=aladdin \
        https://baike. baidu. com/item/% E7% 8B% 97/85474'
# 设置查找格式
search = re. findall(pattern, string)     # 不区分大小写
# 输出查找信息
print('查找数字结果:', '\n', search)
```

运行结果如下。

```
查找数字结果:
['7', '8', '22261', '7', '8', '97', '85474']
```

4. 使用 finditer( ) 函数进行查找

finditer( )函数用于在字符串中找到正则表达式所查找的所有子串，并把它们作为一个迭代器返回。其调用格式如下。

```
re. finditer(pattern, string, flags)
```

参数说明如下。

(1) pattern：表示模式字符串，由要查找的正则表达式转换而来。

(2) string：表示要查找的字符串。

(3) flags：表示标志位，用于控制查找方式，如是否区分字母的大小写。

案例6 输出数字查找结果表达式

扫码看视频

PyCharm 程序如下。

```
#! /usr/bin/env python3
# -*- coding: UTF-8 -*-
import re     # 导入 re 模块
pattern = r'\d+'     # 查找数字
string = 'https://news. mydrivers. com/1/818/818469. htm'     # 要查找的字符串
# 设置查找格式
search = re. finditer(pattern, string, re. I)     # 不区分大小写
# 输出查找信息
print('查找结果:', '\n', search)
for x in search:
    print('查找数字:', '\n', x. group())
```

运行结果如下。

```
查找结果:
 <callable_iterator object at 0x000001F7C3997A90>
查找数字:
 1
查找数字:
 818
```

```
查找数字:
 818469
```

从上面的结果中可以看出，finditer()函数的返回值为迭代对象，该迭代对象为 Match 对象，要有 Match 对象才可以输出查找表达式。

6.1.4 字符串替换

Python 利用 sub()函数对指定格式的文本进行正则验证查找，找到之后进行特定替换。其调用格式如下。

```
re. sub(pattern, repl, string, count, flags])
```

参数说明如下。

(1) pattern：要查找的正则表达式。

(2) repl：要替换的字符串。

(3) string：要查找的字符串。

(4) count：替换的最大次数，默认为 0，表示替换所有查找到的选项。

(5) flags：标志位，用于控制正则表达式的查找方式，如是否区分大小写、多行查找等。

案例　HTTP 替换演示

扫码看视频

PyCharm 程序如下。

```
#! /usr/bin/env python3
# -* - coding: UTF-8 -* -
import re                              # 导入 Python 中的 re 模块
pattern = 'https '                     # 要查找字符
repl = 'http'                          # 要替换的字符串
string = 'https://www. baidu. com/s? wd =% E6% AD% A3% E5% 88% 99% E8% A1% A8% E8%
BE% BE% E5% BC% 8'
# 要查找的字符串
# 替换符号
search = re. sub(pattern, repl, string)                   # 替换
# 输出查找信息
print('替换前:', '\n', string, '\n', '替换后: ', '\n', search)
```

运行结果如下。

```
替换前:
https://www. baidu. com/s? wd =% E6% AD% A3% E5% 88% 99% E8% A1% A8% E8% BE% BE%
E5% BC% 8
替换后:
https://www. baidu. com/s? wd =% E6% AD% A3% E5% 88% 99% E8% A1% A8% E8% BE% BE%
E5% BC% 8
```

6.1.5 字符串分割

split()函数根据查找的子串将字符串分割后返回列表。其调用格式如下。

```
re. split(pattern, string[, maxsplit =0, flags =0])
```

参数说明如下。

(1)pattern：要查找的正则表达式。

(2)string：要查找的字符串。

(3)maxsplit：分割次数，maxsplit=1 分割一次，默认为 0，不限制次数。

(4)flags：标志位，用于控制正则表达式的查找方式，如是否区分大小写、多行查找等。

案例 字符分割演示

扫码看视频

PyCharm 程序如下。

```
#! /usr/bin/env python3
# -* - coding: UTF-8 -* -
import re                              # 导入 Python 中的 re 模块
pattern = r'\d+'                       # 定义空格字符
string = 'https://www. baidu. com/s? wd =% E6% AD% A3% E5% 88% 99% E8% A1% A8% E8%
BE% BE% E5% BC% 8Fpython&ie
=utf-8&tn =15007414_2_dg'        # 要查找的字符串
# 定义分割次数
maxsplit_1 = 2
maxsplit_2 = 3
# 分割设置
s_1 = re. split(pattern, string, maxsplit_1)     # 分割两次
s_2 = re. split(pattern, string, maxsplit_2)     # 分割三次
s_3 = re. split(pattern, string) # 全部分割
# 输出分割信息
print('替换前:', '\n', string, '\n', '分割次数为', maxsplit_1, '\n', \
    s_1, '\n', '分割次数为', maxsplit_2, '\n', s_2, '全部分割', '\n', s_3)
```

运行结果如下。

```
替换前:
https://www. baidu. com/s? wd =% E6% AD% A3% E5% 88% 99% E8% A1% A8% E8% BE% BE% E5%
BC% 8Fpython&ie =utf-8&tn =15007414_2_dg
分割次数为 2
['https://www. baidu. com/s? wd =% E', '% AD% A', '% E5% 88% 99% E8% A1% A8% E8% BE%
BE% E5% BC% 8 Fpython&ie =utf-8&tn =15007414_2_dg']
分割次数为 3
```

['https://www.baidu.com/s?wd=%E', '%AD%A', '%E', '%88%99%E8%A1%A8%E8%BE%BE%E5%BC%8Fpython&ie=utf-8&tn=15007414_2_dg'] 全部分割
['https://www.baidu.com/s?wd=%E', '%AD%A', '%E', '%', '%', '%E', '%A', '%A', '%E', '%BE%BE%E', '%BC%', 'Fpython&ie=utf-', '&tn=', '_', '_dg']

提示 对于一个找不到与查找对象匹配的字符串，split()函数不会对其做出分割，而是输出原始字符串。

任务评价

评价内容	评价标准	分值/分	读者自评	教师评估
正则表达式模式	熟悉正则表达式	20		
使用re模块实现正则表达式	熟练使用re模块实现正则表达式	20		
字符串查找	能够使用函数查找字符串	20		
字符串替换	能够替换字符串	20		
字符串分割	能够分割字符串	20		
总分		100		

任务2 XPath解析网页

任务描述

小白在搜索学习资料时，突然发现浏览器地址栏中的URL中有一个问号“?”，里面还包含自己搜索的关键字，这个网址是什么意思呢？在他的印象中，网页好像大多是以.htm或.html结尾的。他好奇地打开浏览器的开发者工具，看到了许多包含在“<>”中的元素，看到的网页正是这些元素呈现出来的。那么搜索关键字，对应的网页究竟是怎样生成的呢？网页中的那些标记又分别代表什么呢？

任务分析

本任务旨在使用XPath技术解析网页。首先需要了解XPath的基本概念和语法，应

用这些知识来解析具体的网页内容；其次学习如何获取特定节点的信息以及理解节点之间的关系；再次还需掌握如何查找特定的节点信息，并理解属性节点的处理方式；最后深入了解 XPath 运算符的使用和 XML 节点轴的概念及应用，这对于高效地从复杂的 XML 或 HTML 结构中提取所需数据至关重要。

任务重点与实施

XPath 的选择功能十分强大，它提供了非常简洁明了的路径选择表达式。XPath 相对于正则表达式显得更加简洁明了。

6.2.1 XPath 概述

XPath 是一种在 XML 文档中查找信息的语言，用于在 XML 文档中通过元素和属性进行导航。XPath 含有超过 100 个内建的函数，这些函数用于字符串值、数值、日期和时间比较、节点和 QName 处理、序列处理、逻辑值等。

1. XML 文档

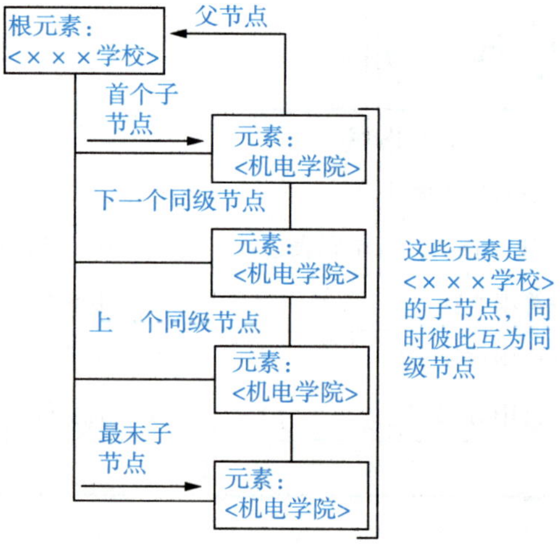

图 6-1　节点关系

XML 是由万维网联盟(world wide web consortium，W3C)创建的标记语言，用于定义编码人类和机器可以读取的文档的语法。XML 是标准通用标记语言(standard general markup language，SGML)的子集，非常适合 Web 传输 XML 提供统一的方法来描述和交换独立于应用程序或供应商的结构化数据。

一个 XML 文档必须要有第一行的声明和文件体，文件体(除第一行外的内容)中包含的是 XML 文件的内容。一个完整的 XML 文档如下。

```
<? xml version ="1.0" encoding ="UTF-8"? >                    XML 声明
<×××学校>
    <机电学院>
        <专业>机电一体化</专业>
        <老师>张教授</老师>
        <读者 人数 ="三个班">150</读者>
    </机电学院>
    <机电学院>
        <专业>电气自动化</专业>
        <! --该专业明年划分到自动化学院-->
        <老师>李教授</老师>
        <读者 人数 ="2 个班">80</读者>
    </机电学院>
</×××学校>
```

元素是组成 XML 的最基本的单位，它由开始标签、属性和结束标签组成，如

```
<机电学院>
        <专业>机电一体化</专业>
</机电学院>
```

XML 文件的结构性内容还包括节点关系及注释文本、属性内容等。XML 文档被当作节点树，XML 文档中的每个成分都是一个节点，图 6-1 显示 XML 中节点树的一部分，并说明了节点之间的关系。

在 XML 文件中，注释部分是放在"〈！ --"与"--〉"标记之间的部分，XML 中的注释如下。

```
<! --该专业明年划分到自动化学院-->
```

XML 中的属性内容如下。

```
<专业>机电一体化</专业>
```

XML 文档的格式必须遵循如下规则。

(1)必须有 xml 声明语句，包含文档符合 xml1.0 规范和文档字符编码，默认编码为"UTF-8"。

(2)必须有且仅有一个根元素，如<×××学校>。

(3)标签大小写敏感，在英文状态下，title 不能写成 Title。

(4)属性值用双引号，如"3 个班""2 个班"。

(5)标签成对，如<专业>机电一体化</专业>，其中有两个<专业>，分别为开始标签和结束标签。

(6)空标签关闭，如</×××学校>。

(7)元素正确嵌套。

2. lxml 库

lxml 库是一个 XML、HTML 的解析器，主要用于解析和提取 XML、HTML 数据。lxml 库先将 HTML 文档解析，然后就可以使用 XPath 搜索或遍历 HTML 文档中的节点。

lxml 库是一个第三方库，使用前需要下载安装，使用 pip 工具安装，如

```
pip install lxml
```

当 lxml 模块库安装完毕后，就可以被其他地方引用了，Python 一般使用 import 导入模块，具体方式如下。

```
import lxml
```

6.2.2　XPath 网页解析

XPath 网页解析的步骤如下。

(1)导入 lxml 库的 etree 模块。

```
from lxml import etree
```

(2)将源码数据加载到 etree 对象。

① 利用 parse()函数将被解析的 List item 页面源码数据加载到 etree 对象中，其调用格式如下。

```
etree. parse(HtmlFilePath, parser=etree. HTMLParser(encoding='gbk'))
```

返回一个 etree 对象，其中参数是 html 文件的路径，parser 用于定义编码格式。

> **提示**
>
> 当 XML 文件中有中文时，必须使用 encoding 属性指明文档的字符编码，例如，encoding="GB2312"或 encoding="utf-8"，并且在保存文件时，也要以相应的文件编码来保存，否则在使用浏览器解析 XML 文件时，就会出现解析错误的情况。要想正确解析该 XML 文档，就可以使用 encoding 属性指明该文档的字符编码。

② 利用 etree. HTML()函数将从互联网上获取的页面源码数据加载到该对象中，其调用格式如下。

```
etree. HTML('page_text', parser=etree. HTMLParser(encoding='gbk'))
```

page_text 是从互联网上获取的响应数据。

(3)输出修正 HTML 文本。

① 调用 etree. tostring 方法输出修正后的 bytes 类型 HTML 文本。

② 使用 decode 方法将 bytes 类型的 HTML 文本转成 str 类型。

案例1 解析文件中的代码

发送 HTTP 请求，访问石家庄××××公司网站首页，下载 HTML 文件，利用 parse()函数解析网页源代码。

扫码看视频

PyCharm 程序如下。

```
#! /usr/bin/env python3
# -* - coding: UTF-8 -* -
# 指定文件路径
HtmlFilePath = 'D:/NewPython/网页/××××. html'
# 导入 lxml 库的 etree 模块
from lxml import etree
# 创建 XPath 解析对象
# 将源码数据加载到 etree 对象中
```

```
html = etree.parse(HtmlFilePath, etree.HTMLParser())
# 输出 bytes 类型修正后的 HTML 文本
result = etree.tostring(html)
# 使用 decode()方法将 bytes 类型的 HTML 文本转换成 str 类型
print(result.decode('utf-8'))
```

运行结果如下(因篇幅限制，这里只显示部分源代码)。

```
<td>&#13;
    <select name="c" id="searchc" class="ss_search">
      <option value="3">&#22270;&#20070;</option>&#13;
      <option value="2">&#26032;&#38395;</option>&#13;
      <option value="10">&#19979;&#36733;</option>&#13;
    </select>&#13;
</td>&#13;
```

通过上面的结果，显示解析后的 HTML 源代码，解析前的 HTML 文本如图 6-2 所示。

```
<td>
    <select name="c" id="searchc" class="ss_search">
        <option value="3" >图书</option>
        <option value="2" >新闻</option>
        <option value="10" >下载</option>
    </select>
</td>
```

图 6-2　解析前的 HTML 文本

案例2　解析自定义代码

发送 HTTP 请求，访问公司网站首页，从网页的源代码中抽取一段，如图 6-2 所示，利用 HTML 函数解析网页。

扫码看视频

PyCharm 程序如下。

```
#! /usr/bin/env python3
# -*- coding: UTF-8 -*-
# 导入 lxml 库的 etree 模块
from lxml import etree
text = '''
<td>
        <select name="c" id="searchc" class="ss_search">
            <option value="3" >图书</option>
           <option value="2" >新闻</option>
            <option value="10" >下载</option>
```

```
        </select>
    </td>
    '''
    # 对 HTML 文本进行自动修正
    html = etree.HTML(text)
    print('&'* 10, '修正后的 HTML 文本', '&'* 10)
    print(html)

    # 输出 bytes 类型修正后的 HTML 文本
    result = etree.tostring(html)
    print('&'* 10, 'bytes 类型修正后的 HTML 文本', '&'* 10)
    print(result)

    # 使用 decode()方法将 bytes 类型的 HTML 文本转换成 str 类型
    print('&'* 10, 'str 类型修正后的 HTML 文本', '&'* 10)
    print(result.decode('utf-8'))
```

运行结果如下。

```
&&&&&&&&&& 修正后的 HTML 文本 &&&&&&&&&&
<Element html at 0x19825042f80>
&&&&&&&&&& bytes 类型修正后的 HTML 文本 &&&&&&&&&&
b'<html><body><td>\n
        <select name="c" id="searchc" class="ss_search">\n
            <option value="3">&#22270;&#20070;</option>\n\t\t\t <option value="2">&#
26032;&#38395; </option>\n
            <option value="10">&#19979;&#36733;</option>\n
        </select>\n</td>\n</body> </html>'
&&&&&&&&&& str 类型修正后的 HTML 文本 &&&&&&&&&&
<html><body><td>
        <select name="c" id="searchc" class="ss_search">
            <option value="3">&#22270;&#20070;</option>
           <option value="2">&#26032;&#38395;</option>
            <option value="10">&#19979;&#36733;</option>
          </select>
</td>
</body></html>
```

从上面的代码可以看到，经过处理之后，select 节点标签被补全，并且还自动添加了 body、html 节点。

6.2.3 获取节点信息

XPath 方法通过路径来选取 XML 文档中的节点或节点集，其调用格式如下。

```
tree.xpath(xpath 表达式)
```

tree 是 HTML 文档或 XML 文档转换成的 etree 对象。

XML 文档中的节点是通过沿着路径表达式或 step 来选取的。XPath 常用的路径表达式如表 6-4 所示。

表 6-4　XPath 常用的路径表达式

表达式	说明	路径表达式	
//	从匹配选择的当前节点选择文档中的节点	//*	选取文档中的所有元素节点
		//nodename	选取所有 nodename 子元素节点
		node//nodename	选择属于 node 元素节点的后代的所有 nodename 元素节点
		//text()	获取节点中所有的文本内容
/	从根节点选取子节点	/node	选取根元素节点 node
		node/nodename	选取属于 node 的子元素节点的所有 nodename 元素节点
		/node/*	选取 node 元素的所有子元素节点
		/text()	获取的是节点下子节点的文本内容

案例1　获取 HTML 文本的所有节点信息

爬取的图书网址中的一段 HTML 文本如下，通过 XPath 中的路径表达式“//*”获取所有节点，输出相应的节点信息。

扫码看视频

PyCharm 程序如下。

```
#! /usr/bin/env python3
# -*- coding: UTF-8 -*-
# 导入 lxml 库的 etree 模块
from lxml import etree

text = '''
        <tbody>
            <tr>
                <td>
                    <strong>书名</strong></td>
                <td>
                    <strong>价格</strong></td>
                <td>
                    <strong>关键字</strong></td>
            </tr>
            <tr>
```

```
                <td>
                    AutoCAD 2020 中文版园林景观设计从入门到精通</td>
                <td>
                    89.80</td>
                <td>
                    AutoCAD,园林景观设计</td>
            </tr>
        </tbody>
'''
# 对 HTML 文本进行自动修正
html = etree.HTML(text)
# 输出 bytes 类型修正后的 HTML 文本
result = etree.tostring(html)
# 使用 decode()方法将 bytes 类型的 HTML 文本转换成 str 类型
print(result.decode('utf-8'))

# 获取所有节点信息
node_result = html.xpath('//*')
print('&'* 10, '获取所有节点', '&'* 10)
print(type(node_result), node_result, sep = '\n')
```

运行结果如下。

```
<html><body><tbody>
        <tr>
            <td>
                    <strong>&#20070;&#21517;</strong></td>
            <td>
                    <strong>&#20215;&#26684;</strong></td>
            <td>
                    <strong>&#20851;&#38190;&#23383;</strong></td>
        </tr>
        <tr>
            <td>
                    AutoCAD 2020&#20013;&#25991;&#29256;&#22253;&#26519;&#26223;&#35266;&#35774;&#35745;&#20174;&#20837;&#38376;&#21040;&#31934;&#36890;</td>
            <td>
                    89.80</td>
            <td>
                    AutoCAD,&#22253;&#26519;&#26223;&#35266;&#35774;&#35745;</td>
        </tr>
    </tbody>
</body></html>
&&&&&&&&&& 获取所有节点 &&&&&&&&&&
<class 'list'>
```

```
[ <Element html at 0x2b67cd13180 >, <Element body at 0x2b67ce95280 >, <Element tbody at 0x2b67ce954c0 >, <Element tr at 0x2b67ce95480 >, <Element td at 0x2b67ce95440 >, <Element strong at 0x2b67ce95500 >, <Element td at 0x2b67ce95580 >, <Element strong at 0x2b67ce955c0 >, < Element td at 0x2b67ce95600 >, <Element strong at 0x2b67ce95540 >, <Element tr at 0x2b67ce95640 >, < Element td at 0x2b67ce95680 >, < Element td at 0x2b67ce956c0 >, < Element td at 0x2b67ce95700 > ]
```

通过上面的程序能得到修正后的 HTML 文本，图框中显示的是所有节点的名称，如图 6-3 所示。

```
<html><body><tbody>
        <tr>
            <td>
                <strong>&#20070;&#21517;</strong></td>
            <td>
                <strong>&#20215;&#26684;</strong></td>
            <td>
                <strong>&#20851;&#38190;&#23383;</strong></td>
        </tr>
        <tr>
            <td>
                AutoCAD
2020&#20013;&#25991;&#29256;&#22253;&#26519;&#26223;&#35266;&#35774;&#35745;&#20174;&#2
0837;&#38376;&#21040;&#31934;&#36890;</td>
            <td>
               89.80</td>
            <td>
               AutoCAD,&#22253;&#26519;&#26223;&#35266;&#35774;&#35745;</td>
        </tr>
    </tbody>
</body></html>
```

图 6-3　修正后的 HTML 文本

虽然上面的运行结果中输出了对应的节点信息，但是输出结果格式不尽如人意，可阅读性较差，为了提高信息的对比度，可以利用程序结构输出节点名称，如

```
i. tag for i in node_result
```

在上面的程序后面输入下面的程序。

```
print('所有节点名称', [ i. tag for i in node_result ])
```

运行结果如下。

```
所有节点名称 [ 'html', 'body', 'tbody', 'tr', 'td', 'strong', 'td', 'strong', 'td', 'strong', 'tr', 'td', 'td', 'td' ]
```

上面的程序不显示中文，text( )方法可以获取节点中的文本，在上面的程序后面输入下面的程序。

```
# 获取所有节点文本值
node_result = html. xpath('//* /text()')
print('&'* 10, '获取所有节点文本值', '&'* 10)
print(node_result)
```

运行结果如下。

```
&&&&&&&&&& 获取所有节点文本值 &&&&&&&&&&
['\n', '\n', '\n', '书名', '\n', '\n', '价格', '\n', '\n', '关键字', '\n', '\n', '\n', '\n AutoCAD 2020 中文版园林景观设计从入门到精通', '\n', '\n 89.80', '\n', '\n AutoCAD,园林景观设计', '\n', '\n', '\n']
```

案例2 通过节点名称获取 HTML 文本节点

扫码看视频

XPath 可以通过节点路径与节点名称定位到指定节点，输出相应的节点信息。

PyCharm 程序如下。

```
#! /usr/bin/env python3
# -*- coding: UTF-8 -*-
# 导入 lxml 库的 etree 模块
from lxml import etree

text = '''
        <tbody>
            <tr>
                <td>
                    <strong>书名</strong></td>
                <td>
                    <strong>价格</strong></td>
                <td>
                    <strong>关键字</strong></td>
            </tr>
            <tr>
                <td>
                    AutoCAD 2020 中文版园林景观设计从入门到精通</td>
                <td>
                    89.80</td>
                <td>
                    AutoCAD,园林景观设计</td>
            </tr>
        </tbody>
'''
# 对 HTML 文本进行自动修正
html = etree.HTML(text)
# 获取所有元素节点
node_result1 = html.xpath('//strong')
print('&' * 10, '获取 strong 节点', '&' * 10)
print(type(node_result1), node_result1, sep = '\n')

# 获取所有元素节点
```

```
node_result2 = html. xpath('//td')
print('&'* 10, '获取 td 节点', '&'* 10)
print(type(node_result2), node_result2, sep = '\n')
```

运行结果如下。

```
&&&&&&&&&& 获取 strong 节点 &&&&&&&&&&
<class 'list'>
[ <Element strong at 0x2b67ce95500 >, <Element strong at 0x2b67ce955c0 >, <Element strong at 0x2b67ce95540 >]
&&&&&&&&&& 获取 td 节点 &&&&&&&&&&
<class 'list'>
[ < Element td at 0x2b67ce95440 >, < Element td at 0x2b67ce95580 >, < Element td at 0x2b67ce95600 >, <Element td at 0x2b67ce95680 >, <Element td at 0x2b67ce956c0 >, <Element td at 0x2b67ce95700 >]
```

通过上面的运行结果可以发现，在案例的代码中包含3个strong节点，6个td节点。

案例3　使用不同表达式获取 HTML 文本节点

通过 XPath 中的“\ \ ”和“\ ”表达式指定路径，定位到指定节点，输出相应的节点信息。

扫码看视频

PyCharm 程序如下。

```
#! /usr/bin/env python3
# -* - coding: UTF-8 -* -
# 导入 lxml 库的 etree 模块
from lxml import etree
text = '''
    <tbody>
        <tr>
            <td>
                <strong>书名 </strong></td>
            <td>
                <strong>价格 </strong></td>
            <td>
                <strong>关键字 </strong></td>
        </tr>
        <tr>
            <td>
                AutoCAD 2020 中文版园林景观设计从入门到精通 </td>
            <td>
                89. 80 </td>
            <td>
                AutoCAD,园林景观设计 </td>
```

```
            </tr>
        </tbody>
'''
# 对 HTML 文本进行自动修正
html = etree. HTML(text)

# 获取所有元素节点
node_result1 = html. xpath('//strong')
print('&' * 10, '相对路径获取 strong 节点', '&' * 10)
print(type(node_result1), node_result1, sep = '\n')

# 获取所有元素节点
node_result2 = html. xpath('//td/strong')
print('&'* 10, '绝对路径获取 strong 节点', '&'* 10)
print(type(node_result2), node_result2, sep = '\n')

# 获取 strong 节点名称
print('strong 节点名称', [i. tag for i in node_result1])
print('td/strong 节点名称', [i. tag for i in node_result2])

# 获取 strong 节点文本
node_result = html. xpath('//strong/text()')
print('&'* 10, '获取节点文本值', '&'* 10)
print(node_result)
```

运行结果如下。

```
&&&&&&&&&& 获取元素节点 &&&&&&&&&&
<class 'list'>
[<Element strong at 0x24a32364e40>, <Element strong at 0x24a32365080>, <Element strong at 0x24a32365040>]
&&&&&&&&&& 获取指定元素节点 &&&&&&&&&&
<class 'list'>
[<Element strong at 0x24a32364e40>, <Element strong at 0x24a32365080>, <Element strong at 0x24a32365040>]
strong 节点名称 ['strong', 'strong', 'strong']
td/strong 节点名称 ['strong', 'strong', 'strong']
&&&&&&&&&& 获取节点文本值 &&&&&&&&&&
['书名', '价格', '关键字']
```

通过上面的结果可知，“\ \ ”表达式用于指定相对路径 strong，“\ ”表达式用于指定绝对路径 td/strong。

6.2.4　节点关系

根据 XML 文档的嵌套关系，按照亲属关系定义 XML 文档的节点关系，如图 6-4 所示。XPath 节点关系的路径表达式如表 6-5 所示。

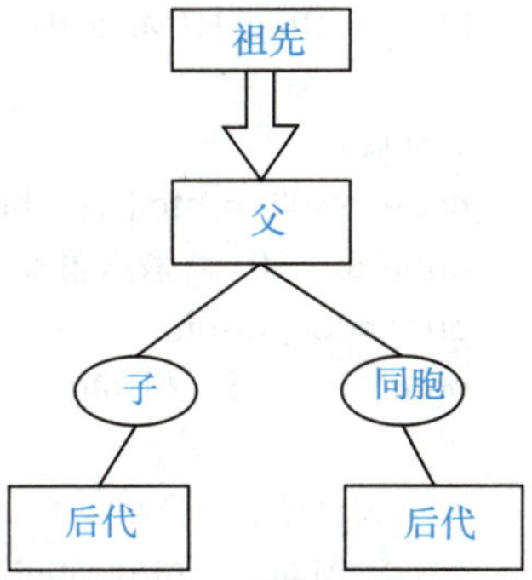

图 6-4　XML 文档的节点关系

表 6-5　XPath 节点关系的路径表达式

路径表达式	说明
/.	选取当前节点
/	选取当前节点的子节点
/..	选取当前节点的父节点

案例　获取 HTML 文本节点关系图

扫码看视频

通过 XPath 中的路径表达式输出指定节点的父子节点。

PyCharm 程序如下。

```
#! /usr/bin/env python3
# -* - coding: UTF-8 -* -
# 导入 lxml 库的 etree 模块
from lxml import etree

text = '''
    <tbody>
        <tr>
            <td>
                <strong>书名</strong></td>
            <td>
                <strong>价格</strong></td>
            <td>
                <strong>关键字</strong></td>
        </tr>
        <tr>
            <td>
               AutoCAD 2020 中文版园林景观设计从入门到精通</td>
            <td>
               89.80</td>
            <td>
               AutoCAD,园林景观设计</td>
        </tr>
    </tbody>
'''
# 对 HTML 文本进行自动修正
```

```
html = etree.HTML(text)

# 获取指定节点
node_result = html.xpath('//tr')
print('&'* 10, '获取当前节点', '&'* 10)
print(node_result)
print('节点名称', [i.tag for i in node_result])

# 获取指定节点当前节点
node_result1 = html.xpath('//tr/.')
print('&'* 10, '获取当前节点', '&'* 10)
print(node_result1)
print('节点名称', [i.tag for i in node_result1])

# 获取指定节点子节点
node_result2 = html.xpath('//tr/*')
print('&'* 10, '获取当前节点的所有子节点', '&'* 10)

print(node_result2)
print('节点名称', [i.tag for i in node_result2])

# 获取指定节点父节点
node_result3 = html.xpath('//tr/..')
print('&'* 10, '获取当前节点的所有父节点', '&'* 10)
print(node_result3)
print('节点名称', [i.tag for i in node_result3])
```

运行结果如下。

```
&&&&&&&&&& 获取当前节点 &&&&&&&&&&
[<Element tr at 0x2755d445140>, <Element tr at 0x2755d445380>]
节点名称 ['tr', 'tr']
&&&&&&&&&& 获取当前节点 &&&&&&&&&&
[<Element tr at 0x2755d445140>, <Element tr at 0x2755d445380>]
节点名称 ['tr', 'tr']
&&&&&&&&&& 获取当前节点的所有子节点 &&&&&&&&&&
[<Element td at 0x2755d4453c0>, <Element td at 0x2755d445440>, <Element td at 0x2755d445480>, <Element td at 0x2755d4454c0>, <Element td at 0x2755d445500>, <Element td at 0x2755d445580>]
节点名称 ['td', 'td', 'td', 'td', 'td', 'td']
&&&&&&&&&& 获取当前节点的所有父节点 &&&&&&&&&&
[<Element tbody at 0x2755d445740>]
节点名称 ['tbody']
```

根据上面的运行结果，可以得到如图 6-5 所示的节点关系图。

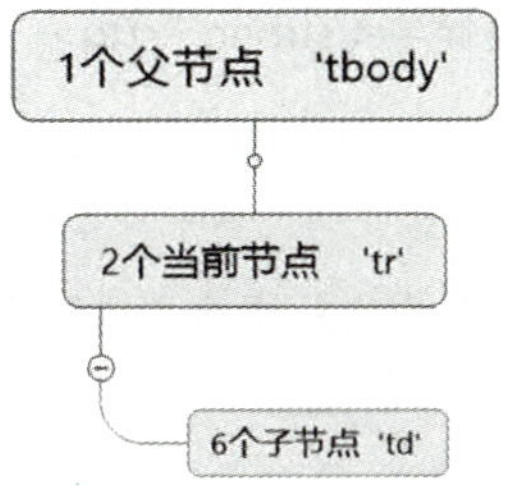

图 6-5　节点关系图

6.2.5　查找节点信息

谓语可以用来查找某个特定的节点或包含某个指定值的节点，谓语被嵌在方括号中。谓语路径表达式如表 6-6 所示。

表 6-6　谓语路径表达式

路径表达式	说明
/node/nodename [0]	选取属于 node 子节点的第一个节点
/node/nodename [last()]	选取属于 node 子节点的最后一个 nodename 节点
/node/nodename [last()-1]	选取属于 node 子节点的倒数第二个 nodename 节点
/node/nodename [position()]	选取属于 node 子节点的指定位置的 nodename 节点。position()=2，表示输出位置序号为 2 的节点

案例　获取 HTML 子节点信息

扫码看视频

通过 XPath 中的路径表达式输出指定节点的子节点。

PyCharm 程序如下。

```
#! /usr/bin/env python3
# -*- coding: UTF-8 -*-
# 导入 lxml 库的 etree 模块
from lxml import etree

text = '''
    <tbody>
        <tr>
            <td>
                <strong>书名</strong></td>
            <td>
                <strong>价格</strong></td>
            <td>
```

```
                <strong>关键字</strong></td>
        </tr>
        <tr>
            <td>
                AutoCAD 2020 中文版园林景观设计从入门到精通</td>
            <td>
                89.80</td>
            <td>
                AutoCAD,园林景观设计</td>
        </tr>
    </tbody>
'''
# 对 HTML 文本进行自动修正
html = etree.HTML(text)

# 获取指定节点的所有子节点
node_result = html.xpath('//td/* ')
print('&'* 10, '获取当前节点 td 子节点', '&'* 10)
print('节点名称', [i.tag for i in node_result])
# 获取当前节点下第一个子节点
result = etree.tostring(node_result[0], encoding='utf-8')
print(type(result), result.decode('utf-8'), sep = '\n')
# 获取 1 个 td 节点文本信息
result = html.xpath('//td[position()=1]/text()', encoding='utf-8')
print(result)
```

运行结果如下。

```
&&&&&&&&&& 获取当前节点 td 子节点 &&&&&&&&&&
节点名称 ['strong', 'strong', 'strong']
<class 'bytes'>

<strong>书名</strong>
['\n', '\n AutoCAD 2020 中文版园林景观设计从入门到精通']
```

通过上面的结果分析可知，元素节点 td 下包含 3 个 strong 节点，第一个 strong 节点信息如下。

```
<strong>书名</strong></td>
```

6.2.6 属性节点

XPath 共有 7 种类型的节点：元素、属性、文本、命名空间、处理指令、注释及根节点。

(1)整个文档是一个根节点。

(2)每个 XML 标签是一个元素节点。

(3)包含在 XML 元素中的文本是文本节点。

(4)每一个 XML 属性是一个属性节点。

(5)注释则属于注释节点。

其中，元素节点可以包含任意的元素节点、文本节点或属性节点，而文本节点或属性节点则不能包含节点。

XML 文档中的属性节点语法格式如下。

```
<元素名 属性名="属性值"/>
```

示例如下。

```
<a grade="123456">
        <name>一年级</name>
</a>
```

a 是元素名，grade 是属性名，双引号定义的 123456 是属性值，属性节点中的文本信息是“一年级”。

一个元素可以有多个属性，它的基本格式如下。

```
<元素名 属性名="属性值" 属性名="属性值">
```

示例如下。

```
<div class="J_TanxWrapper mod  tanx-wrapper" data-spm-ab="1">
```

两个属性值之间不能直接包含<. ”，&。

在 XPath 中，路径表达式可以实现通过属性定位节点的功能，具体如表 6-7 所示。

表 6-7　关于属性定位的路径表达式

路径表达式	说明
@	选取属性
@ *	匹配任何属性节点
//@ lang	选取名为 lang 的所有属性节点
//title[@ *]	选取所有带有属性的 title 节点
//title[@属性名=值]	选取符合条件(属性名=值)的 title 节点
contains(属性名，值)	选取符合条件(属性名=值)的节点

案例　获取 HTML 中属性节点的属性值

对图 6-2 中的 HTML 代码进行解析，通过 XPath 中的路径表达式输出指定属性节点的属性值。

扫码看视频

PyCharm 程序如下。

```
#! /usr/bin/env python3
# -*- coding: UTF-8 -*-
```

```
# 导入 lxml 库的 etree 模块
from lxml import etree

text = '''
        <td>
            <select name="c" id="searchc" class="ss_search">
                <option value="3" >图书 </option>
    <option value="2" >新闻 </option>
                <option value="10">下载 </option>
            </select>
        </td>
'''
# 对 HTML 文本进行自动修正
html = etree.HTML(text)

# 获取所有属性节点
node_result = html.xpath('//@* ')
print('&'* 10, '获取所有属性节点值', '&'* 10)
print(node_result)

# 获取指定属性节点
node_result = html.xpath('//@name')
print('&'* 10, '获取属性名为 name 的属性值', '&'* 10)
print(node_result)

# 获取指定属性节点
node_result = html.xpath('//@value')
print('&'* 10, '获取属性名为 value 的属性值', '&'* 10)
print(node_result)
```

运行结果如下。

```
&&&&&&&&&& 获取所有属性节点值 &&&&&&&&&&
['c', 'searchc', 'ss_search', '3', '2', '10']
&&&&&&&&&& 获取属性名为 name 的属性值 &&&&&&&&&&
['c']
&&&&&&&&&& 获取属性名为 value 的属性值 &&&&&&&&&&
['3', '2', '10']
```

6.2.7 XPath 运算符

XPath 表达式可返回节点集、字符串、逻辑值及数字。XPath 运算符如表 6-8 所示。

表 6-8 XPath 运算符

运算符	说明	运算符	说明
|	计算两个节点集	<	小于
+	加法	<=	小于等于
-	减法	>	大于
*	乘法	>=	大于等于
div	除法	or	或
=	等于	and	与
!=	不等于	mod	计算除法的余数

案例1 利用大于等于运算符查找指定节点信息

扫码看视频

利用大于等于运算符查找属性值大于等于 3 的节点，输出该节点的文本内容。

PyCharm 程序如下。

```
#! /usr/bin/env python3
# -*- coding: UTF-8 -*-
# 导入 lxml 库的 etree 模块
from lxml import etree

text = '''
        <td>
            <select name="c" id="searchc" class="ss_search">
                <option value="3" >图书</option>
 <option value="2" >新闻</option>

                <option value="10">下载</option>
            </select>
        </td>
'''
# 对 HTML 文本进行自动修正
html = etree.HTML(text)
# 获取节点文本
node_result = html.xpath("//option[@value>=3]/text()")
print('&'* 10, '获取属性值大于等于 3 的节点', '&'* 10)
print(node_result)
```

运行结果如下。

```
&&&&&&&&&& 获取属性值大于等于 3 的节点 &&&&&&&&&&
['图书', '下载']
```

路径表达式结合运算符可叠加使用，常用方法如下。

(1)选取多属性的属性节点。

```
//标签名[@属性名=值 and @属性名=值]
//标签名[@属性名=值 or @属性名=值]
```

(2)选取多个路径。

```
//节点标签名/子节点1标签名 | //节点标签名/子节点2标签名
```

案例2 利用或(or)运算符查找节点信息

扫码看视频

利用或(or)运算符查找属性值大于等于3的节点，输出该节点的文本内容。

PyCharm 程序如下。

```
#! /usr/bin/env python3
# -*- coding: UTF-8 -*-
# 导入 lxml 库的 etree 模块
from lxml import etree

text = '''
      <td>
          <select name="c" id="searchc" class="ss_search">
               <option value="3" >图书</option>
                 <option value="2" >新闻</option>
               <option value="10">下载</option>
          </select>
      </td>
'''
# 对 HTML 文本进行自动修正
html = etree.HTML(text)
# 输出 select 的节点文本,列表类型
print(html.xpath('//select/option/text()'))
# 读取 select/option 标签下的 value="2"或 value="3"属性值
print(html.xpath('//select/option[@value="3" or @value="2"]/text()'))
```

运行结果如下。

```
['图书', '新闻', '下载']
['图书', '新闻']
```

案例3 选取多个路径下的节点

扫码看视频

利用 XPach 对如下的代码进行解析，通过在路径表达式中使用

“|”运算符，可以选取多条路径，输出不同路径下的节点信息。

```
<div id="searchBoxWrap">
    <div class="searchBox">
      <div class="box-t">
        <ul>
          <li class="active" style="" type="1">目的地</li>
          <li class="" style="" type="3">行程</li>
          <li class="" style="" type="2">活动</li>
          <li class="" style="" type="4">资讯</li>
          <li class="" style="" type="5">多媒体</li>
        </ul>
      </div>
      <div class="box-b">
          <input type="text" class="searchWord" placeholder="大唐芙蓉园">
          <input type="button" class="searchBtn" value="搜索">        </div>
    </div>

</div>
```

PyCharm 程序如下。

```
#! /usr/bin/env python3
# -*- coding: UTF-8 -*-
# 导入 lxml 库的 etree 模块
from lxml import etree

text = '''
<div id="searchBoxWrap">
        <div class="searchBox">
                <div class="box-t">
                        <ul>
                                <li class="active" style="" type="1">目的地</li>
                                <li class="" style="" type="3">行程</li>
                                <li class="" style="" type="2">活动</li>
                                <li class="" style="" type="4">资讯</li>
                                <li class="" style="" type="5">多媒体</li>
                        </ul>
                </div>
                <div class="box-b">
                        <input type="text" class="searchWord" placeholder="大唐芙蓉园">
                        <input type="button" class="searchBtn" value="搜索">
                </div>
        </div>

</div>
'''
# 对 HTML 文本进行自动修正
html = etree.HTML(text)
```

```
# 获取指定节点
node_result = html.xpath('//div/ul/li | //div/input')
print('&'* 10, '获取当前节点的子节点', '&'* 10)
print('节点名称', [i.tag for i in node_result])
# 获取当前节点下第一个子节点
result = etree.tostring(node_result[0], encoding='utf-8')
print(type(result), result.decode('utf-8'), sep = '\n')
```

运行结果如下。

```
&&&&&&&&&& 获取当前节点的子节点 &&&&&&&&&&
节点名称 ['li', 'li', 'li', 'li', 'li', 'input', 'input']
<class 'bytes'>
<li class="active" style="" type="1">目的地</li>
```

6.2.8 XML 节点轴

根据 XML 节点轴指定上述节点关系，节点轴可定义相对于当前节点的节点集，具体函数如表 6-9 所示。

表 6-9 节点轴函数

轴名称	说明
ancestor	选取当前节点的所有先辈(父、祖父等)
ancestor-or-self	选取当前节点的所有先辈(父、祖父等)及当前节点本身
attribute	选取当前节点的所有属性
child	选取当前节点的所有子元素
descendant	选取当前节点的所有后代元素(子、孙等)
descendant-or-self	选取当前节点的所有后代元素(子、孙等)及当前节点本身
following	选取文档中当前节点结束标签之后的所有节点
following-sibling	选取当前节点之后的所有兄弟节点
namespace	选取当前节点的所有命名空间节点
parent	选取当前节点的父节点
preceding	选取文档中当前节点开始标签之前的所有节点
preceding-sibling	选取当前节点之前的所有同级节点
self	选取当前节点

案例　使用节点轴函数获取祖先节点与同级节点

扫码看视频

PyCharm 程序如下。

```
#! /usr/bin/env python3
# -* - coding: UTF-8 -* -
# 导入 lxml 库的 etree 模块
from lxml import etree

text = '''
<div id="searchBoxWrap">
        <div class="searchBox">
                <div class="box-t">
                    <ul>
                        <li class="active" style="" type="1">目的地</li>
                        <li class="" style="" type="3">行程</li>
                        <li class="" style="" type="2">活动</li>
                        <li class="" style="" type="4">资讯</li>
                        <li class="" style="" type="5">多媒体</li>
                    </ul>
                </div>
                <div class="box-b">
                    <input type="text" class="searchWord" placeholder="大唐芙蓉园">
                    <input type="button" class="searchBtn" value="搜索">
                </div>
        </div>

</div>
'''
# 对 HTML 文本进行自动修正
html = etree.HTML(text)
# 获取 HTML 文本
result = etree.tostring(html, encoding='utf-8')
print(type(result), result.decode('utf-8'), sep = '\n')

# 获取指定节点
node_result = html.xpath('//ul/ancestor::* ')
print('&'* 10, '获取当前节点 ul 的所有祖先节点', '&'* 10)
print('节点名称', [i.tag for i in node_result])

node_result = html.xpath('//ul/child::* ')
print('&'* 10, '获取当前节点 ul 的所有子节点', '&'* 10)
print('节点名称', [i.tag for i in node_result])
```

```
node_result = html.xpath('//li/following::* ')
print('&'* 10, '获取当前节点 li 之后的所有节点', '&'* 10)
print('节点名称', [i.tag for i in node_result])

node_result = html.xpath('//li/following-sibling::* ')
print('&'* 10, '获取当前节点 li 之后的所有同级节点', '&'* 10)
print('节点名称', [i.tag for i in node_result])
```

运行结果如下。

```
<class 'bytes'>
<html><body><div id="searchBoxWrap">
        <div class="searchBox">
                <div class="box-t">
                    <ul>
                        <li class="active" style="" type="1">目的地</li>
                        <li class="" style="" type="3">行程</li>
                        <li class="" style="" type="2">活动</li>
                        <li class="" style="" type="4">资讯</li>
                        <li class="" style="" type="5">多媒体</li>
                    </ul>
                </div>
                <div class="box-b">
                    <input type="text" class="searchWord" placeholder="大唐芙蓉园"/>
                    <input type="button" class="searchBtn" value="搜索"/>
                </div>
        </div>

</div>
</body></html>
&&&&&&&&&& 获取当前节点 ul 的所有祖先节点 &&&&&&&&&&
节点名称 ['html', 'body', 'div', 'div', 'div']
&&&&&&&&&& 获取当前节点 ul 的所有子节点 &&&&&&&&&&
节点名称 ['li', 'li', 'li', 'li', 'li']
&&&&&&&&&& 获取当前节点 li 之后的所有节点 &&&&&&&&&&
节点名称 ['li', 'li', 'li', 'li', 'div', 'input', 'input']
&&&&&&&&&& 获取当前节点 li 之后的所有同级节点 &&&&&&&&&&
节点名称 ['li', 'li', 'li', 'li']
```

任务评价

评价内容	评价标准	分值/分	读者自评	教师评估
Xpath 网页解析	能够解析网页源代码	15		

（续表）

评价内容	评价标准	分值/分	读者自评	教师评估
获取节点信息	能够获取节点信息	15		
节点关系	能够获取节点关系图	15		
查找节点信息	能够获取 HTML 子节点信息	15		
属性节点	掌握获取 HTML 中属性节点的属性值	15		
XPath 运算符	能够使用 XPath 运算符查找节点信息	15		
XML 节点轴	能够使用节点轴函数获取祖先节点与同级节点	10		
总分		100		

任务 3　BeautifulSoup 解析网页

任务描述

完成了 XPath 的学习后，小白对网页解析有了基本的了解，这极大地鼓舞了他的学习热情。他决定一鼓作气，学习另一个网页解析模块 BeautifulSoup。那么，Python 中的 BeautifulSoup 模块有什么用途？使用方法与 XPath 有何异同？

任务分析

本任务是关于使用 BeautifulSoup 库解析 HTML 文档的分析。首先需要安装 BeautifulSoup 库；其次创建 BeautifulSoup 对象来解析 HTML 文档；最后可以通过节点的属性、节点之间的关系、节点内容搜索以及 CSS 选择器等方法，来定位并获取所需的 HTML 节点内容。

任务重点与实施

随着网络种类的增多，寻找最适合的解析方法是网络爬虫的迫切需求。BeautifulSoup 提供一些简单的、Python 式的函数来处理导航、搜索、修改分析树等功能，通过解析文档为用户提供需要抓取的数据，不需要多少代码就可以写出一个完整的应用程序。

6.3.1 安装 BeautifulSoup

BeautifulSoup 是 Python 的一个第三方库，官网推荐在现在的项目中使用 bs4，全称 Beautiful Soup4。使用前需要下载安装，使用 pip 工具安装，代码如下。

```
pip install bs4
```

当 bs4 模块库安装完毕后，就可以被其他地方引用了，Python 一般使用 import 导入模块，具体方式如下。

```
import bs4
```

提示

使用 PyCharm 编辑器时，还需要在该编辑器中安装 bs4 模块库，显示如图 6-6 所示的安装成功提示后才可以使用。

Package 'bs4' installed successfully

图 6-6　安装成功提示

安装解析器是为了加快 html 解析效率，BeautifulSoup 支持 Python 标准库中的 HTML 解析器，还支持一些第三方的解析器，如 lxml、html5lib，安装方法如下。

```
pip3 install lxml
pip install html5lib
```

6.3.2 创建 BeautifulSoup 对象

BeautifulSoup 进行网页解析的原理是自动将 HTML 文档转换为 BeautifulSoup 对象，输入文档自动转换为 Unicode 编码，输出文档转换为 utf-8 编码，这种解析方法不需要考虑编码方式。

在 bs4 中，BeautifulSoup( ) 函数可以将 html 文档转换为 BeautifulSoup 对象，其调用格式如下。

```
Soup = BeautifulSoup(markup, parser)
```

参数说明如下。

（1）markup：表示需要解析的数据，可以是本地文件，也可以是下载的。

（2）parser：指定的解析器，可以选择 4 种解析器，即 html. parser、lxml、xml 和 html5lib。

案例　使用 lxml 解析 html

扫码看视频

PyCharm 程序如下。

```
#! /usr/bin/env python3
# -* - coding: UTF-8 -* -
# 导入 lxml 库的 etree 模块
from lxml import etree
# 导入 bs4 库的 BeautifulSoup 模块
from bs4 import BeautifulSoup
# 定义 HTML 文本
html_text = '''
<div id="searchBoxWrap">
        <div class="searchBox">
                <div class="box-t">
                        <ul>
                                <li class="active" style="" type="1">目的地</li>
                                <li class="" style="" type="3">行程</li>
                                <li class="" style="" type="2">活动</li>
                                <li class="" style="" type="4">资讯</li>
                                <li class="" style="" type="5">多媒体</li>
                        </ul>
                </div>
                <div class="box-b">
                        <input type="text" class="searchWord" placeholder="大唐芙蓉园">
                        <input type="button" class="searchBtn" value="搜索">
                </div>
        </div>

</div>
'''
# 使用 lxml 解析 html
soup = BeautifulSoup(html_text, 'lxml')
print('lxml 解析后文本类型', type(soup), 'lxml 解析后文本', soup, sep='\n')
```

运行结果如下。

```
lxml 解析后文本类型
<class 'bs4.BeautifulSoup'>
lxml 解析后文本
<html><body><div id="searchBoxWrap">
<div class="searchBox">
<div class="box-t">
<ul>
<li class="active" style="" type="1">目的地</li>
<li class="" style="" type="3">行程</li>
<li class="" style="" type="2">活动</li>
<li class="" style="" type="4">资讯</li>
<li class="" style="" type="5">多媒体</li>
```

```
</ul>
</div>
<div class="box-b">
<input class="searchWord" placeholder="大唐芙蓉园" type="text"/>
<input class="searchBtn" type="button" value="搜索"/>
</div>
</div>
</div>
</body></html>
```

6.3.3 通过属性获取节点内容

BeautifulSoup 将复杂 HTML 文档转换成一个复杂的树形结构，每个节点都是 Python 对象，所有对象可以包括 4 种，最常用的是 BeautifulSoup 对象和 Tag 对象。

(1) Tag 对象：表示 HTML 中的一个节点，使用 BeautifulSoup( ) 函数解析 Tag 的内容。

(2) BeautifulSoup 对象：表示整个 HTML 文本对象，也可被当作 Tag 对象使用。

(3) NavigableString 对象：表示标签内的文本对象。

(4) Comment 对象：表示一个特殊的 NavigableString 对象，如果 html 节点内存在注释，那么显示的是过滤掉注释符号后保留的注释文本。

可以根据 html 的结构获取对应的节点内容，BeautifulSoup 属性方法如表 6-10 所示。

表 6-10 BeautifulSoup 属性方法

分类	调用方法	说明
获取节点内容	soup. name	根据节点名查找节点，只能找到第 1 个节点，其中，name 是 html 下的节点名
获取属性	soup. name. attrs	获取 name 所有的属性和属性值，返回一个字典
	soup. name. attrs['href']	获取 name 下包含 href 属性的节点
获取内容	soup. name. string soup. name. text soup. name. get_text( )	获取第一个 name 节点文本内容
获取文本内容	soup. name. strings	获取节点下全部子节点的文本内容
	soup. name. stripped_strings	获取节点下全部子节点的文本内容，屏蔽节点文本中的回车和空格

案例1 获取 HTML 文本

扫码
看视频

PyCharm 程序如下。

```
#! /usr/bin/env python3
# -* - coding: UTF-8 -* -
# 导入 lxml 库的 etree 模块
from lxml import etree
# 导入 bs4 库的 BeautifulSoup 模块
from bs4 import BeautifulSoup
# 定义 HTML 文本
html_text = '''
<div id="searchBoxWrap">
        <div class="searchBox">
                <div class="box-t">
                    <ul>
                        <li class="active" style="" type="1">目的地</li>
                        <li class="" style="" type="3">行程</li>
                        <li class="" style="" type="2">活动</li>
                        <li class="" style="" type="4">资讯</li>
                        <li class="" style="" type="5">多媒体</li>
                    </ul>
                </div>
                <div class="box-b">
                    <input type="text" class="searchWord" placeholder="大唐芙蓉园">
                    <input type="button" class="searchBtn" value="搜索">
                </div>
        </div>

</div>
'''
# 使用 lxml 解析 html
soup = BeautifulSoup(html_text,'lxml')

# 获取节点内容
print('第一个 li 节点内容', soup.li)
# 获取 li 节点属性

print('第一个 li 节点所有属性', soup.li.attrs)
print('第一个 li 节点 type 属性', soup.li.attrs['type']) # 获取 type 属性
# 获取 li 节点文本
print('第一个 li 节点文本')
print(soup.li.string)
print(soup.li.text)
print(soup.li.get_text())
```

运行结果如下。

```
第一个 li 节点内容 <li class="active" style="" type="1">目的地</li>
第一个 li 节点所有属性 {'class': ['active'], 'style': '', 'type': '1'}
```

```
第一个 li 节点 type 属性 1
第一个 li 节点文本
目的地
目的地
目的地
```

从上面的运行结果中可以发现，通过 HTML 的结构获取对应的节点只能获取相同名称的第一个节点内容。

案例2 使用 lxml 解析 html 获取节点文本

扫码看视频

若想获取节点下全部子节点的文本内容，可以用 strings 属性得到一个生成器，但是这种方法可能有很多回车和空格。若想屏蔽回车和空格，则可以使用 stripped_strings 属性。

PyCharm 程序如下。

```
#! /usr/bin/env python3
# -*- coding: UTF-8 -*-
# 导入 lxml 库的 etree 模块
from lxml import etree
# 导入 bs4 库的 BeautifulSoup 模块
from bs4 import BeautifulSoup
# 定义 HTML 文本
html_text = '''
<div id="searchBoxWrap">
        <div class="searchBox">
                <div class="box-t">
                    <ul>
                        <li class="active" style="" type="1">目的地</li>
                        <li class="" style="" type="3">行程</li>
                        <li class="" style="" type="2">活动</li>
                        <li class="" style="" type="4">资讯</li>
                        <li class="" style="" type="5">多媒体</li>
                    </ul>
                </div>
                <div class="box-b">
                    <input type="text" class="searchWord" placeholder="大唐芙蓉园">
                    <input type="button" class="searchBtn" value="搜索">
                </div>
        </div>

</div>
'''
# 使用 lxml 解析 html
soup = BeautifulSoup(html_text, 'lxml')
```

```
print('% '* 10, 'strings 属性输出所有 li 节点文本', '% '* 10)
for p in soup. ul. strings:
    print(p, sep = '\n')  # 输出节点名称
print('% '* 10, 'stripped_strings 属性输出所有 li 节点文本', '% '* 10)
for p in soup. ul. stripped_strings:
    print(p)  # 输出节点名称
```

运行结果如下。

```
%%%%%%%%%% strings 属性输出所有 li 节点文本 %%%%%%%%%%


目的地


行程


活动


资讯


多媒体


%%%%%%%%%% stripped_strings 属性输出所有 li 节点文本 %%%%%%%%%%
目的地
行程
活动
资讯
多媒体
```

6.3.4 根据节点关系获取节点

HTML 文档所有的节点彼此间都存在关系。除文档节点外的每个节点都有父节点。大部分元素节点都有子节点。当节点分享同一个父节点时，它们就是同辈(同级节点)。

节点也可以拥有后代，后代指某个节点的所有子节点，或者这些子节点的子节点，以此类推。例如，所有的文本节点都是<html>节点的后代，而第一个文本节点是<head>节点的后代。

节点也可以拥有先辈。先辈是某个节点的父节点，或者父节点的父节点，以此类推。例如，所有的文本节点都可把<html>节点作为先辈节点。

soup 是 HTML 文档解析得到的解析内容，可以根据 HTML 的节点关系获取对应的

节点，具体方法如表6-11所示。

表6-11　节点方法

调用方法	说明
. children	通过属性获取所有子节点
. descendants	通过属性获取所有子孙节点
. parent	通过属性获取直接父节点
. parents	通过属性获取所有父节点
. next_sibling	通过属性获取该节点的下一个兄弟节点
. previous_sibling	通过属性获取该节点的上一个兄弟节点
. next_siblings	通过属性获取该节点后面的所有兄弟节点
. previous_siblings	通过属性获取该节点前面的所有兄弟节点
. next_element	通过属性获取该节点的下一个节点
. previous_element	通过属性获取该节点的上一个节点
. next_elements	通过属性获取该节点后面的所有节点
. previous_elements	通过属性获取该节点前面的所有节点

通过上面的方法得到的节点不是一个list，可以通过for循环遍历获取所有子节点，示例如下。

```
for child in soup. name. children:
    print(child)
```

案例　获取关联节点

扫码看视频

利用节点关系方法，获取图虫网HTML中的ul节点的所有关联节点，包含父节点、子节点、同级节点等。如果节点的父节点为空，则输出父节点的上一级节点父辈节点；如果节点的子节点为空，则输出子节点的下一级节点孙辈节点。同级节点中若有为空的，则不输出。

PyCharm程序如下。

```
#! /usr/bin/env python3
# -*- coding: UTF-8 -*-
# 导入 lxml 库的 etree 模块
from lxml import etree
# 导入 bs4 库的 BeautifulSoup 模块
from bs4 import BeautifulSoup
# 使用 lxml 解析 html
soup = BeautifulSoup(open('D:/NewPython/网页/tuchong. html', encoding='utf-8'), 'lxml')
# 找到 ur 节点的上一级父节点
```

```
for p in soup. ul. parent:
    if p = = '\n':
        print('父辈节点:', soup. p. parent, sep = '\n')  # 输出节点名称
    else:
        print('父节点:', p, sep = '\n')  # 输出节点名称
# 找到 ur 节点的所有子节点
for c in soup. ul. children:
    if c = = '\n':
        continue
    else:
        print('子节点:', c, sep = '\n')  # 输出节点名称
# 找到 ur 节点前面的所有同级节点
for n in soup. ul. next_siblings:
    if n  = =  '\n':
        continue
    else:
        print('前同级节点:', n, sep = '\n')  # 输出节点名称

#找到 ur 节点后面的所有同级节点
for p in soup. ul. previous_siblings:
    if p  = =  '\n':
        continue
    else:
        print('后同级节点:', p, sep = '\n')  # 输出节点名称
```

运行结果如下。

```
父辈节点:
<div class = "title- adobe">
<p style = "font- size: 16px;">Adobe Stock</p>
<p>中国独家合作伙伴</p>
</div>
父节点:
<div class = "right- title">优选图库</div>
父辈节点:
<div class = "title- adobe">
<p style = "font- size: 16px;">Adobe Stock</p>
<p>中国独家合作伙伴</p>
</div>
父节点:
<ul class = "right- list">
<li class = "right- list- item"><span class = "circle- icon">⊙ </span><span>适合中小微企业</span></li>
<li class = "right- list- item"><span class = "circle- icon">⊙ </span><span>3. 5 亿正版素材</span></li>
<li class = "right- list- item"><span class = "circle- icon">⊙ </span><span>极致性价比</span></li>
```

```
</ul>
父辈节点:
<div class="title-adobe">
<p style="font-size: 16px;">Adobe Stock</p>
<p>中国独家合作伙伴</p>
</div>
父节点:
<a class="right-btn" href="https://stock.tuchong.com/?source=tc_pc_home_banner" target="__blank">进入</a>
父辈节点:
<div class="title-adobe">
<p style="font-size: 16px;">Adobe Stock</p>
<p>中国独家合作伙伴</p>
</div>
子节点:
<li class="right-list-item"><span class="circle-icon">⊙</span><span>适合中小微企业</span></li>
子节点:
<li class="right-list-item"><span class="circle-icon">⊙</span><span>3.5 亿正版素材</span></li>
子节点:
<li class="right-list-item"><span class="circle-icon">⊙</span><span>极致性价比</span></li>
前同级节点:
<a class="right-btn" href="https://stock.tuchong.com/?source=tc_pc_home_banner" target="__blank">进入</a>
后同级节点:
<div class="right-title">优选图库</div>
```

6.3.5 查找节点内容

查找节点时，除了通过节点名称和属性设置查找条件，还可以使用其他条件来定义查找条件。

通过 find_all()方法可以找到所有符合要求的节点，其调用方法如下。

```
soup.find_all(name, attrs, recursive, string, ** kwargs)
```

参数说明如下。

(1)name：节点名称的检索字符串。

(2)attrs：节点属性值的检索字符串，可标注属性检索。

(3)recursive：用于指定是否对子孙节点全部检索，默认为 True。

(4)string：<>…</>中字符串区域的检索字符串。

find()方法可以使用一个节点名获取节点，但只能获取符合条件节点的第一个节点，假如符合条件的节点下有很多子节点，那么该方法无法获取全部节点。

案例1 获取符合条件的节点内容

find()方法与find_all()方法唯一的区别是，find_all()方法的返回结果是值包含一个元素的列表，而find()方法直接返回结果。

扫码看视频

PyCharm程序如下。

```
#! /usr/bin/env python3
# -*- coding: UTF-8 -*-
# 导入 lxml 库的 etree 模块
from lxml import etree
# 导入 bs4 库的 BeautifulSoup 模块
from bs4 import BeautifulSoup
# 定义 HTML 文本
html_text = '''
<div id = "searchBoxWrap">
        <div class = "searchBox">
                <div class="box-t">
                    <ul>
                        <li class="active" style="" type="1">目的地</li>
                        <li class="" style="" type="3">行程</li>
                        <li class="" style="" type="2">活动</li>
                        <li class="" style="" type="4">资讯</li>
                        <li class="" style="" type="5">多媒体</li>
                    </ul>
                </div>
                <div class="box-b">
                    <input type="text" class="searchWord" placeholder="大唐芙蓉园">
                    <input type="button" class="searchBtn" value="搜索">
                </div>
        </div>

</div>
'''
# 使用 lxml 解析 html
soup = BeautifulSoup(html_text, 'lxml')

print('&'* 10, 'find()方法查找节点', '&'* 10)
# 使用 find()方法通过节点名称查找第一个 li 节点
print('第一个 li 节点的内容:', soup.find('li'), sep='\n')
# 把 li 节点和 input 节点作为一个列表传递，可以一次找到 li 节点和 input 节点
print('第一个 li 节点和 input 节点的内容:', soup.find([ 'li', 'input']), sep='\n')
# 标注属性检索
print('第一个 class 属性为空的 li 节点是:', soup.find('li',class_=""), sep='\n')
```

```
print('&'* 10, 'find_all()方法查找节点', '&'* 10)
# 使用 find_all()方法通过节点名称查找 li 节点,返回的是一个列表类型
print('所有 li 节点的内容:', soup. find_all('li'), sep = '\n')
# 把 li 节点和 input 节点作为一个列表传递,可以一次找到 li 节点和 input 节点
print('li 节点和 input 节点的内容:', soup. find_all([ 'li', 'input' ]), sep = '\n')
# 标注属性检索
print('class 属性为空的 li 节点是:', soup. find_all('li', class_ = ""), sep = '\n')
```

运行结果如下。

```
&&&&&&&&&& find()方法查找节点 &&&&&&&&&&
第一个 li 节点的内容:
<li class ="active" style ="" type ="1">目的地</li>
第一个 li 节点和 input 节点的内容:
<li class ="active" style ="" type ="1">目的地</li>
第一个 class 属性为空的 li 节点是:
<li class ="" style ="" type ="3">行程</li>
&&&&&&&&&& find_all()方法查找节点 &&&&&&&&&&
所有 li 节点的内容:
[ <li class ="active" style ="" type ="1">目的地</li>, <li class ="" style ="" type ="3">行程</li>, <
li class ="" style ="" type ="2">活动</li>, <li class ="" style ="" type ="4">资讯</li>, <li class =""
style ="" type ="5">多媒体</li>]
li 节点和 input 节点的内容:
[ <li class ="active" style ="" type ="1">目的地</li>, <li class ="" style ="" type ="3">行程</li>, <
li class ="" style ="" type ="2">活动</li>, <li class ="" style ="" type ="4">资讯</li>, <li class =""
style ="" type ="5">多媒体</li>, <input class ="searchWord" placeholder ="大唐芙蓉园" type ="
text"/>, <input class ="searchBtn" type ="button" value ="搜索"/>]
class 属性为空的 li 节点是:
[ <li class ="" style ="" type ="3">行程</li>, <li class ="" style ="" type ="2">活动</li>, <li
class ="" style ="" type ="4">资讯</li>, <li class ="" style ="" type ="5">多媒体</li>]
```

从上面的运行结果中可以发现，用 find_all( )方法查找节点时会输出所有符合条件的节点，输出结果没有格式，显示混乱。那怎么解决这一问题呢？这里需要用到万能循环结构，循环结构可以迭代输出符合条件的节点内容。

案例2 获取指定的节点内容

扫码看视频

PyCharm 程序如下。

```
# /usr/bin/env python3
#  -* - coding: UTF-8 -* -
# 导入 lxml 库的 etree 模块
from lxml import etree
# 导入 bs4 库的 BeautifulSoup 模块
from bs4 import BeautifulSoup
# 定义 HTML 文本
```

```
html_text = '''
<div id ="searchBoxWrap">
        <div class ="searchBox">
                <div class ="box- t">
                        <ul>
                                <li class ="active" style ="" type ="1">目的地</li>
                                <li class ="" style ="" type ="3">行程</li>
                                <li class ="" style ="" type ="2">活动</li>
                                <li class ="" style ="" type ="4">资讯</li>
                                <li class ="" style ="" type ="5">多媒体</li>
                        </ul>
                </div>
                <div class ="box- b">
                        <input type ="text" class ="searchWord" placeholder ="大唐芙蓉园">
                        <input type ="button" class ="searchBtn" value ="搜索">
                </div>
        </div>

</div>
'''
# 使用 lxml 解析 html
soup = BeautifulSoup(html_text, 'lxml')
# 如果给出的节点名称是 True,则找到所有节点
for i in soup. find_all(True):
    print('节点名称:', i. name)  # 打印标签名称

# for 循环遍历所有 li 节点,并把返回列表中的内容赋给 t
for t in soup. find_all('li'):
        print('t 的值是:', t)  # link 得到的是标签对象
        print('t 的类型是:', type(t))
        # 获取 a 标签中的 url 链接
        print('li 节点中的 type 属性是:', t. get('type'))
```

运行结果如下。

```
节点名称: html
节点名称: body
节点名称: div
节点名称: div
节点名称: div
节点名称: ul
节点名称: li
节点名称: li
节点名称: li
节点名称: li
```

```
节点名称：li
节点名称：div
节点名称：input
节点名称：input
t 的值是：<li class="active" style="" type="1">目的地</li>
t 的类型是：<class 'bs4.element.Tag'>
li 节点中的 type 属性是：1
t 的值是：<li class="" style="" type="3">行程</li>
t 的类型是：<class 'bs4.element.Tag'>
li 节点中的 type 属性是：3
t 的值是：<li class="" style="" type="2">活动</li>
t 的类型是：<class 'bs4.element.Tag'>
li 节点中的 type 属性是：2
t 的值是：<li class="" style="" type="4">资讯</li>
t 的类型是：<class 'bs4.element.Tag'>
li 节点中的 type 属性是：4
t 的值是：<li class="" style="" type="5">多媒体</li>
t 的类型是：<class 'bs4.element.Tag'>
li 节点中的 type 属性是：5
```

bs4 中还提供其他的节点查找方法，使用方法与 find_all()方法相同，具体方法如表 6-12 所示。

表 6-12 查找节点方法

调用方法	说明
find_parents()	返回所有符合条件的节点的父辈节点
find_parent()	返回所有符合条件的节点的父辈节点的第一个 tag 节点
find_next_siblings()	返回所有符合条件的节点的后面的兄弟节点
find_next_sibling()	返回所有符合条件的节点的后面的兄弟节点的第一个 tag 节点
find_previous_siblings()	返回所有符合条件的节点的前面的兄弟节点
find_previous_sibling()	返回所有符合条件的节点的前面的兄弟节点的第一个 tag 节点
find_all_next()	返回所有符合条件的当前节点的下一个节点
find_next()	返回第一个符合条件的当前节点的下一个节点
find_all_previous()	返回所有符合条件的当前节点
find_previous()	返回第一个符合条件的当前节点

6.3.6 通过 CSS 选择器查找节点内容

CSS 属性选择器又被称为 CSS 样式属性、CSS 选择器。HTML 通过 CSS 选择器对页面中的元素实现一对一、一对多或多对一的控制。用户通过选择器对不同的 HTML 节点进行选择，并赋予各种样式声明，即可实现各种效果。

CSS 选择器包括：标记选择器(name)、类别选择器(.)、ID 选择器(#)及复合选择器。select()方法根据选择器选择指定的内容查找节点，其调用格式如下。

```
soup. select('name')                    # 通过节点名查找
soup. select('. class')                 # 通过类(属性值名)查找
soup. select('#id')                     # 通过 id 名查找
soup. select('name#id')                 # 通过节点名与 id 名查找
```

使用复合选择器时，不属于同一节点的参数用空格隔开，属于同一节点的参数不加空格，其调用格式如下。

```
soup. select('name1 name2')        # 通过不同层级节点名查找
```

查找节点内容时还可以加入属性元素。其中，属性用中括号隔开，同时属性和节点名属于同一节点，所以中间不能加空格，否则会无法匹配到。

```
soup. select('节点名[属性名="属性值"]')    # 通过节点与属性查找
```

select 选择器返回的是列表，需要通过下标提取指定的对象，其调用格式如下。

```
soup. select('name. value')      # 获取 name 节点下属性名为 value 的节点
```

案例 通过类选择器查找节点

通过类选择器查找图虫网 HTML 中属性名为 tuku-title 的节点，输出节点内容与文本内容。

扫码看视频

PyCharm 程序如下。

```
#! /usr/bin/env python3
# -*- coding: UTF-8 -*-
# 导入 lxml 库的 etree 模块
from lxml import etree
# 导入 bs4 库的 BeautifulSoup 模块
from bs4 import BeautifulSoup
# 使用 lxml 解析 html
soup = BeautifulSoup(open('D:/NewPython/网页/tuchong. html', encoding='utf-8'), 'lxml')
# 获取全部 p 节点
for p in soup. select('. tuku-title'):
    print(p)
```

运行结果如下。

```
<div class="tuku-title">
<div class="title-main">图库</div>
<div class="title-adobe">
<p style="font-size: 16px;">Adobe Stock</p>
<p>中国独家合作伙伴</p>
</div>
</div>
```

任务评价

评价内容	评价标准	分值/分	读者自评	教师评估
安装 BeautifulSoup	成功安装 BeautifulSoup	20		
创建 BeautifulSoup 对象	能够使用 lxml 解析 html	15		
通过属性获取节点内容	能够通过属性获取节点内容	15		
根据节点关系获取节点	能够根据节点关系获取节点	15		
查找节点内容	能够查找节点内容	15		
通过 CSS 选择器查找节点内容	掌握通过 CSS 选择器查找节点内容	20		
总分		100		

项目小结

本项目主要介绍了 Python 的 BeautifulSoup 库解析网页内容。首先介绍了正则表达式解析网页；其次介绍了如何获取节点内容，利用节点关系定位数据；最后介绍了查找特定节点，以及应用 CSS 选择器提升查找效率。通过本项目的学习，提升读者从繁杂网页数据中精准提取有效信息的效率，让整个爬虫项目更加高效、稳健地运行。

项目实战

实战一　获取查询网中河北省石家庄市的邮编区号

在查询网选择“首页”→“邮编查询”→“河北省”→“石家庄市”，进入河北省石家庄市的邮编区号大全网页，如图 6-7 所示，网址为 https://www.chashudi.com/hebei/shijiazhuang/。使用 Python 网络爬虫爬取该网页中石家庄市的邮编区号数据。

图 6-7　石家庄市的邮编区号大全网页

（1）定义网页爬取使用的模块库和参数。

```
#! /usr/bin/env python3
# -* - coding: UTF-8 -* -
# 导入模块库
from lxml import etree
import requests
# 定义网址
url='https://www.chashudi.com/hebei/shijiazhuang/'
# 定义请求头
headers = {'User-Agent':
        'Mozilla/5.0 (Windows NT 6.1; Win64; x64) AppleWebKit/537.36 (KHTML, like Gecko) Chrome/66.0.3359.181 Safari/537.36',
            }
```

（2）爬取网页源代码。

```
# 发送 get 请求,decode 命令用于解决中文乱码
url_content = requests.get(url, headers=headers).content.decode('gbk', 'ignore')
```

（3）使用 XPath 对 url_conten 进行解析。

```
tree = etree.HTML(url_content)  # 使用 xpath 解析从网络上获取的数据
# 解析获取当页所有的标题
ele_div_list = tree.xpath('//div[@class="table link"]')
```

(4)输出区号与邮政编码。

```
data = tree.xpath('//a[@class="link"]/text()')
#初始化列表以存储处理后的数据
processed_data = []

#输出二维数组数据
import numpy as np      #导入 numpy 模块
import pandas as pd      #导入 pandas 模块
#遍历数据并按列标题组织
for i in range(0, len(data), 4):
    processed_data.append([data[i], data[i+1], data[i+2]])

#定义列标题
columns = ['区名','邮政编码','长途区号']

#创建 DataFrame
frame = pd.DataFrame(processed_data, columns=columns)
#输出数据
print('* '* 10, '河北省石家庄市邮编区号大全','* '* 10)
print(frame)
```

运行结果如下。

```
********** 河北省石家庄市邮编区号大全 **********
          区名      邮政编码   长途区号
0     紫晶邮政支局   050010      0311
1     大经街邮政支局   050011      0311
2     长安邮政支局   050011      0311
3     谈阁园邮政支局   050011      0311
4     谈北路邮政支局   050011      0311
...      ...       ...       ...
294   木村邮政支局   050706      0311
295     彭家庄邮政支局   050707      0311
296     协神邮政支局   050708      0311
297     化皮邮政支局   050709      0311
298     马头铺邮政支局   050799      0311

[299 rows x 3 columns]
11     深泽县   052500     0311
12     平山县   050400     0311
13     晋州市   052200     0311
14     新乐市   050700     0311
15     鹿泉区   050200     0311
16     高邑县   051300     0311
17     藁城区   052100     0311
18     栾城区   051400     0311
```

```
19      无极县   052400    0311
20      辛集市   052300    0311
21      元氏县   051100    0311
22      赞皇县   051200    0311
23      赵县     051500    0311
24      获鹿     050200    0311
```

实战二 爬取销售热门图书名称

登录公司网站，如图 6-8 所示，使用 get( ) 方法爬取首页数据，利用 BeautifulSoup 模块库的函数解析网页数据，输出销售热门图书名称。

图 6-8 公司首页

(1) 定义网页爬取使用的模块库和参数。

```
#! /usr/bin/env python3
# -* - coding: UTF-8 -* -
# 导入模块
from lxml import etree
import requests
# 导入 BeautifulSoup 模块库
from bs4 import BeautifulSoup
# 定义网址
url = 'http://www. sjzswsw. com/'
# 给请求指定一个请求头来模拟 Chrome 浏览器
headers = {'User-Agent':
           'Mozilla/5. 0 (Windows NT 6. 1; Win64; x64) AppleWebKit/537. 36 (KHTML, like
Gecko) Chrome/ \
           66. 0. 3359. 181 Safari/537. 36'}
```

(2)发送 get 请求。

```
resposed = requests. get(url, headers=headers). text
```

(3)使用 BeautifulSoup 对网页响应数据进行解析。

```
#获取网页中的所有 h5 节点
soup = BeautifulSoup(resposed, 'lxml')
all_a = soup. find_all('h5')
```

(4)用 for 循环获取每个 a 节点。

```
print('*  '* 10, 'a 节点下的内容: ',' *  '* 10)
for a in all_a:
    aa = a. find_all('a')  #循环获取 a 节点
    print(aa)
```

(5)循环获取 a 节点中 title 的属性值。

```
print('*  '* 10, 'a 节点下 title 的内容: ', '*  '* 10)
for a in all_a:
    b = a. select('a')[0]['title']
    print('销售热门图书书名: ', b)
```

运行结果如下。

```
********** a 节点下的内容: **********
[<a href="/Product-i-10-431. html" target="_blank" title="AutoCAD 2020 中文版园林景观设计从入门到精通">AutoCAD …</a>]
[<a href="/Product-i-10-430. html" target="_blank" title="AutoCAD 2020 中文版家具设计从入门到精通">AutoCAD …</a>]
[<a href="https://item. taobao. com/item. htm? id=637617723152" target="_blank" title="ANSYS 19. 0 土木工程有限元分析入门与提高">ANSYS 19… </a>]
[<a href="/Product-i-10-428. html" target="_blank" title="AutoCAD 2020 中文版三维造型设计实例教程">AutoCAD …</a>]
[<a href="/Product-i-63-426. html" target="_blank" title="SOLIDWORKS 2018 中文版从入门到精通 CAD/CAM/CAE 技术联盟">SOLIDWOR… </a>]
[<a href="/Product-i-67-425. html" target="_blank" title="3ds Max 2018 与 Photoshop CC2018 建筑效果图设计入门与提高">3ds Max …</a>]
[<a href="/Product-i-10-423. html" target="_blank" title="AutoCAD 2018 中文版电气设计自学视频教程">AutoCAD …</a>]
[<a href="/Product-i-10-422. html" target="_blank" title="AutoCAD 2020 中文版机械设计从入门到精通 CAD/CAM/CAE 技术联盟">AutoCAD …</a>]
[<a href="/Product-i-10-421. html" target="_blank" title="AutoCAD 2020 中文版从入门到精通(标准版)CAD/CAM/CAE 技术联盟">AutoCAD …</a>]
[<a href="/Product-i-73-420. html" target="_blank" title="Mastercam 2019 中文版标准实例教程 ××××工作室">Masterca… </a>]
********** a 节点下 title 的内容: **********
```

```
销售热门图书书名： AutoCAD 2020 中文版园林景观设计从入门到精通
销售热门图书书名： AutoCAD 2020 中文版家具设计从入门到精通
销售热门图书书名： ANSYS 19.0 土木工程有限元分析入门与提高
销售热门图书书名： AutoCAD 2020 中文版三维造型设计实例教程
销售热门图书书名： SOLIDWORKS 2018 中文版从入门到精通 CAD/CAM/CAE 技术联盟
销售热门图书书名： 3ds Max 2018 与 Photoshop CC2018 建筑效果图设计入门与提高
销售热门图书书名： AutoCAD 2018 中文版电气设计自学视频教程
销售热门图书书名： AutoCAD 2020 中文版机械设计从入门到精通 CAD/CAM/CAE 技术联盟
销售热门图书书名： AutoCAD 2020 中文版从入门到精通(标准版)CAD/CAM/CAE 技术联盟
销售热门图书书名： Mastercam 2019 中文版标准实例教程 ××××工作室
```

实战三　下载销售热门图书的图片

登录公司网站，使用 get( ) 方法爬取首页，利用 XPath 模块库的函数解析网页数据，获取销售热门图书网址，并根据网址下载图书封面图片。

(1)定义网页爬取使用的模块库和参数。

```
#! /usr/bin/env python3
# -* - coding: UTF-8 -* -
# 导入模块
from lxml import etree
import urllib. request
import requests
# 定义网址
url = 'http://www. sjzswsw. com/'
# 给请求指定一个请求头来模拟 Chrome 浏览器
headers = {'User-Agent':
            'Mozilla/5. 0 (Windows NT 6. 1; Win64; x64) AppleWebKit/537. 36 (KHTML, like
Gecko) Chrome/ \
    66. 0. 3359. 181 Safari/537. 36'}
```

(2)发送 get 请求。

```
resposed = requests. get(url, headers=headers). text
```

(3)通过解析网页获取该网页中图片的网址。

```
tree = etree. HTML(resposed)
imgCode_list = tree. xpath('//div[@class="picture-panel"]/ol/li/a/img/@src')
```

(4)使用正则表达式从图片的网址中获取下载文件名称。

```
import re # 导入 re 模块

imgUrlNAME = []
for list in imgCode_list:
    # 查找包含“. jpg”的字符串,获取图片名称
```

```
pattern = r'\w+.jpg' # r 表示字符串为非转义的原始字符串
search = re.findall(pattern, list)
for m in re.finditer(pattern, list):
    string = m.group() # 获得一个或多个分组截获的字符串
    # 拼接下载文件路径
    imgpath = 'D:/NewPython/网页/' + string

    # 根据网址与下载路径下载图片
    urllib.request.urlretrieve(url=list, filename=imgpath)
    print(imgpath + '下载成功')
```

运行结果如下。

```
D:/NewPython/网页/20210123092508600b7af46f944.jpg 下载成功
D:/NewPython/网页/20210122180114600aa26a2f473.jpg 下载成功
D:/NewPython/网页/2021012117125760094599885 3e.jpg 下载成功
D:/NewPython/网页/20210115163540600153dca4322.jpg 下载成功
D:/NewPython/网页/202003091136445e65b9ccef330.jpg 下载成功
D:/NewPython/网页/202003091030565e65aa608bac4.jpg 下载成功
D:/NewPython/网页/202003051654465e60be56475e6.jpg 下载成功
D:/NewPython/网页/202003042214485e5fb7d864d5e.jpg 下载成功
D:/NewPython/网页/202003042145175e5fb0ed6e2c7.jpg 下载成功
D:/NewPython/网页/202003031835495e5e33056485a.jpg 下载成功
```

打开下载的图片 202003042145175e5fb0ed6e2c7.jpg，如图 6-9 所示。

图 6-9　下载的图片

项目 7　Scrapy 网络爬虫框架

项目导读

设计框架的目的是将网络爬虫流程统一化，通用的功能进行抽象，减少重复工作。对于数据规模较大、爬取速度敏感的网站，使用 Scrapy 框架。面对结构迥异的网站，PySpider 框架可以满足绝大多数 Python 网络爬虫的需求定向抓取、结构化。本项目主要介绍 Scrapy 网络爬虫框架的相关知识。

学习目标

知识目标

1. 了解网络爬虫框架的概念。
2. 掌握网络爬虫框架模块库的安装与加载。
3. 利用 Scrapy 命令编写简单的网页爬取程序。

技能目标

1. 能够配置 Scrapy 项目。
2. 会从网页中提取结构化数据，并处理提取结果。

素质目标

1. 培养读者追本溯源、脚踏实地、严谨求实、追求卓越的优秀品质。
2. 培养读者积极探索、善于钻研的品质。

思政目标

1. 培养读者信息伦理素养
2. 引导读者将理论知识与实际问题相结合，提升社会实践的能力 。

任务 1　Scrapy 网络爬虫框架基础认知

任务描述

了解了 Python 网络爬虫的基本原理和流程，小白开始着手准备使用 Scrapy 命令构建一个简单的网络爬虫框架，爬取景区的景点名称数据。那么，什么是网络爬虫框架呢？利用 Scrapy 命令如何实现网络爬虫框架的定义？

任务分析

本任务将对 Scrapy 网络爬虫框架的基础认知进行讲解。深入理解 Scrapy 网络爬虫框架的基本概念和功能，掌握其常用命令，并学会如何创建 Scrapy 项目。通过实践创建 Scrapy 项目，能够更好地理解和运用 Scrapy 网络爬虫框架，为后续的网络爬虫任务打下坚实的基础。

任务重点与实施

Scrapy 是一个为了爬取网站数据、提取结构性数据而编写的应用框架，可以应用在包括数据挖掘、信息处理或存储历史数据等一系列的程序中。Scrapy 用途广泛，可以用于数据挖掘、监测和自动化测试。

7.1.1　Scrapy 网络爬虫框架基础

Scrapy 是一套基于 Twisted 的异步处理框架，是用纯 Python 语言实现的网络爬虫框架，用户只需要定制模块就可以轻松地实现网络爬虫，用来爬取网页内容或各种图片。Scrapy 整体框架如图 7-1 所示。

下面介绍 Scrapy 中的主要组件。

(1) Scrapy Engine：Scrapy 引擎，相当于一个中枢站，负责 Scheduler、Item Pipeline、Downloader 和 Spiders 这 4 个组件之间的通信。

(2) Spiders：解析器，负责接收 Scrapy Engine 发送来的 Responses，对其进行解析，可以在其内部编写解析的规则。解析好的内容可以发送存储请求给 Scrapy Engine。在 Spiders 中解析出的新的 URL，可以向 Scrapy Engine 发送 Requests 请求。

(3) Downloader：下载器，对发送过来的 URL 进行下载，并将下载好的网页反馈给 Scrapy Engine。

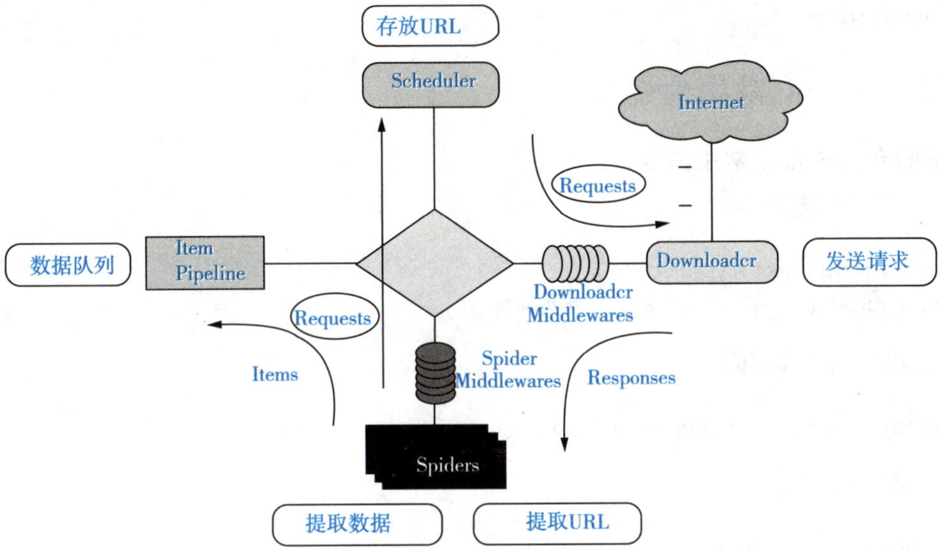

图 7-1　Scrapy 整体框架

(4) Schedular：队列，存储 Scrapy Engine 发送过来的 URL，并按顺序取出 URL 发送给 Scrapy Engine 进行 Requests 操作。

(5) Item Pipeline：负责处理被 Spider 提取出来的 item。典型的处理有清理、验证及持久化(如存取到数据库中)。

(6) Downloader Middlewares：下载器中间件，对 IP 进行代理或封装头文件，应对一些反网络爬虫机制。

(7) Spider Middlewares：Spider 中间件，处理 Spiders 的 Response 及 Spider 产生的请求和响应。

下面介绍 Scrapy 的运行流程。

(1) 通过引擎从调度器中获取一个 URL，用于接下来的抓取。

(2) 通过引擎把 URL 封装成一个请求(Request)，发送给下载器，通过下载器下载资源，并封装成响应包(Response)。

(3) 通过网络爬虫解析网页响应 Response，若解析的是实体(Item)，由实体管道进行进一步的处理；若解析的是 URL，则将 URL 传递给 Scheduler 等待抓取。

Scrapy 是 Python 的一个第三方库，使用前需要下载安装，使用最简单的 pip 工具安装，代码如下。

```
pip install scrapy
```

使用 PyCharm 编辑器时，还需要在该编辑器中安装 Scrapy 模块库，显示安装成功提示后才可以使用。

当 Scrapy 模块库安装完毕后，就可以被其他地方引用了，在 Python 语言中一般使用 import 命令导入模块，具体方式如下。

```
import scrapy
```

7.1.2 Scrapy 常用命令

下面介绍 Scrapy 常用命令。

1. 创建项目文件

```
scrapy startproject myproject
cd myproject                  # 显示项目文件路径
```

2. 创建网络爬虫文件

```
scrapy genspider myspider www. baidu. com
```

3. 运行网络爬虫

```
scrapy crawl myspider
```

4. 错误检查

```
scrapy check
```

错误检查运行结果如图 7-2 所示。

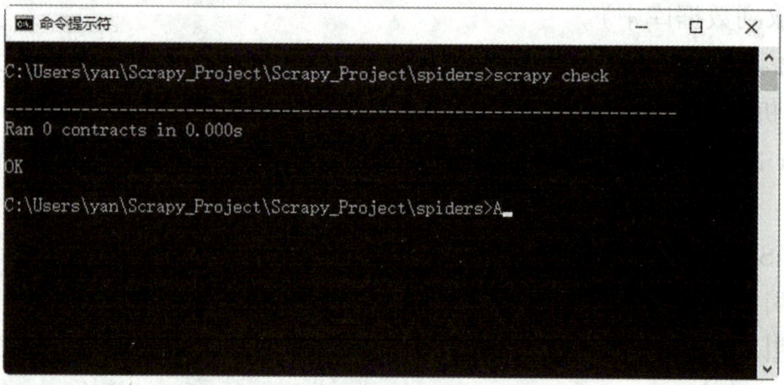

图 7-2 错误检查运行结果

5. 列出网络爬虫

```
scrapy list
```

列出网络爬虫运行结果如图 7-3 所示。

6. 测试网页

```
scrapy fetch www. baidu. com
scrapy fetch --nolog www. baidu. com                # 不会生成日志
scrapy fetch --nolog --headers www. baidu. com      # 输出 headers
scrapy fetch --nolog --no-redirect                  # 不会重定向
```

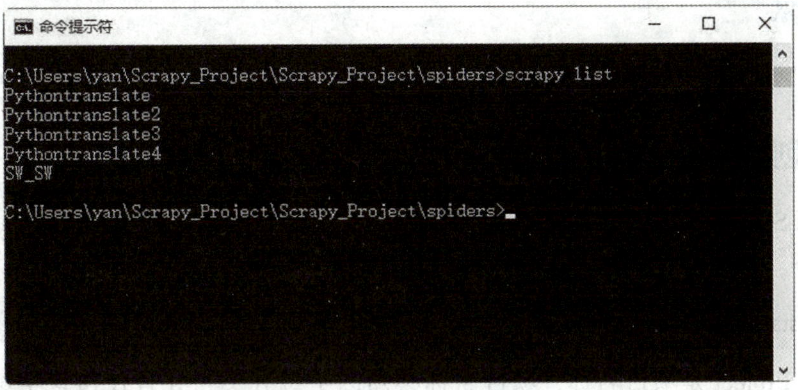

图 7-3　列出网络爬虫运行结果

7. 请求网页把网页源代码保存成文件，再用浏览器打开(调试工具)

```
scrapy view http://www. baidu. com
```

8. 命令行交互模式 shell

```
scrapy shell http://www. baidu. com
request                          # 请求的网页
response                         # 请求网页的返回结果
response. text                   # 请求结果
response. headers- - headers
view(response)                   # 在网页上打开返回的结果(如果能显示出来，则说
                                   明是静态网页，能直接爬；如果没显示，则说明是
                                   Ajax 加载的网页)
response. xpath("")              # 用 xpath 解析网页
```

9. 解析网页的内容

```
scrapy parse http://www. baidu. com - c parse   # 前面是 parse 方法，后面是 callback 调用解析
                                                  的 parse 方法
```

10. 获取配置信息

```
scrapy settings - - get MONGO_URL      # 获取配置信息
```

11. 运行 spider 文件

```
scrapy runspider myspider. py    # 直接运行 myspider 文件(参数是文件名称)
```

12. 输出版本

```
scrapy version
scrapy version - v          # 输出依赖库的版本
```

13. 测试

```
scrapy bench        # 测试爬行速度,反映当前运行性能
```

7.1.3 创建 Scrapy 项目

在使用 Scrapy 爬取网页之前，使用 startproject 命令创建一个新的 Scrapy 项目。输入 cmd 命令，打开命令提示符窗口，输入以下代码。

```
scrapy startproject Scrapy_Project
```

Scrapy_Project 是项目名称，项目名称必须以字母开头，并且仅包含字母、数字和下画线。

按【Enter】键，弹出如图 7-4 所示的提示，说明成功创建了一个 Scrapy 的新项目 Scrapy_Project。

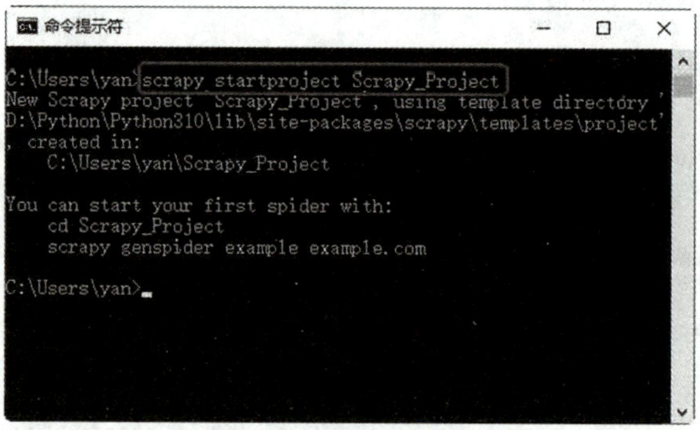

图 7-4 创建 Scrapy 项目

在 C：\ Users \ yan \ Scrapy_Project 下创建一个 Scrapy 的新项目 Scrapy_Project，文件夹形式如下。

```
Scrapy_Project/
    scrapy. cfg
    Scrapy_Project/
        __init__. py
        items. py
        pipelines. py
        settings. py
        spiders/
            __init__. py
            ...
```

下面介绍该文件夹下的文件。

(1) scrapy. cfg：项目的总配置文件，通常无须修改。(真正与网络爬虫相关的配置信息在 settings. py 文件中。)

(2) items. py：设置数据存储模板，用于结构化数据，通常就是定义 N 个属性，该类需要由开发者来定义。

(3) pipelines：项目的管道文件，它负责处理爬取到的信息。例如，存入数据库或生成 XML 文件等。该文件需要由开发者编写。

(4) settings. py：配置文件，如递归的层数、并发数，延迟下载等。

(5) spiders：网络爬虫目录，如创建文件、编写网络爬虫解析规则。

任务评价

评价内容	评价标准	分值/分	读者自评	教师评估
Scrapy 网络爬虫框架基础	熟悉 Scrapy 中的主要组件	30		
Scrapy 常用命令	熟悉 Scrapy 常用命令	30		
创建 Scrapy 项目	能够创建 Scrapy 项目	40		
总分		100		

任务 2　使用模版创建 Spider 文件

任务描述

了解了网络爬虫的基本步骤后，小白需要创建 Spider 文件，根据爬取模板爬取景区数据。那么，模板文件有哪些？如何创建这些模板文件呢？

任务分析

本任务分为 5 个小节，主要是指导用户使用模板创建 Spider 文件。首先介绍如何通过命令创建网络爬虫文件；其次介绍创建专门用于爬取数据的 crawl 模板文件；再次介绍如何创建生成 CSV 格式数据输出的 csvfeed 模板文件；最后介绍创建生成 XML 格式数据输出的 xmlfeed 模板文件。

任务重点与实施

genspider 命令使用模板生成网络爬虫文件。除 genspider 命令自带的 4 个模板外，Scrapy 还提供了其他网络爬虫基类，SitemapSpider 为用于爬取网站地图的基类，

InitSpider 为带有初始化器的基类。有些 Scrapy 命令要求在 Scrapy 项目中运行，使用 cd 命令切换 Scrapy 项目的路径，如图 7-5 所示。

```
cd C:\Users\yan\Scrapy_Project\Scrapy_Project\spiders
```

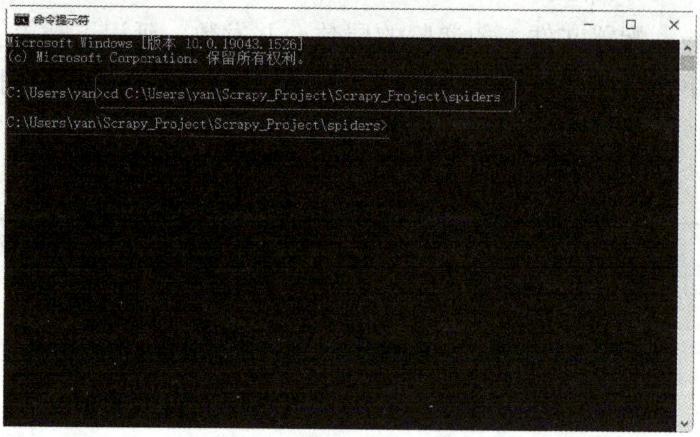

图 7-5　切换项目文件路径

进入项目根目录 C：\ Users \ yan \ Scrapy_Project \ Scrapy_Project \ spiders，就可以使用 Scrapy 命令来管理和控制项目了。

7.2.1　创建网络爬虫文件命令

使用 Scrapy 中的 genspider 命令，可以显示创建文件的设置选项，如图 7-6 所示。

```
scrapy genspider
```

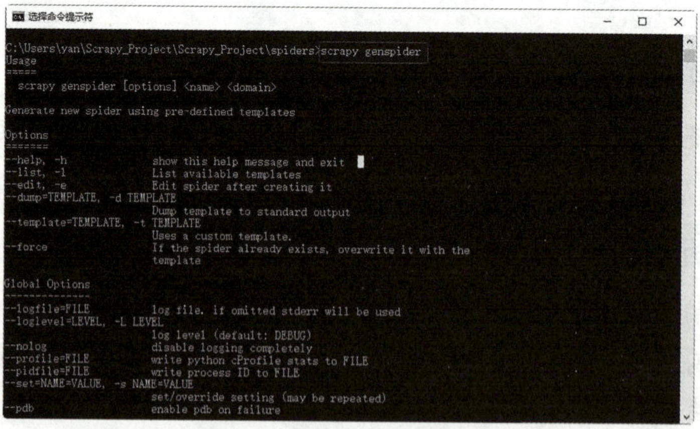

图 7-6　创建文件的设置选项

创建 spider 的所有可用模板有 4 种，使用下面的命令可以输出所有可用模板信息，如图 7-7 所示。

```
scrapy genspider -l
```

l 是小写的 L，不是数字 1。

图 7-7 输出所有可用模板信息

下面介绍 4 种默认模板。

(1) basic：提供基础构架，继承于 Spider 类，为默认模板。

(2) crawl：提供更灵活的提取方式，继承于 CrawlSpider 类。

(3) csvfeed：提供提取 CSV 格式文件的方式，继承于 CSVFeedSpider 类。

(4) xml feed：用于提取 XML 文件，继承于 XMLFeedSpider 类。

使用 genspider 命令模板创建 Spider 文件，其调用格式如下。

```
scrapy genspider [-t template] <name> <domain>
```

-t 表示创建 Spider 文件使用的模板，name 表示 Spider 文件名称，domain 表示域名列表。

7.2.2 创建 basic 模板文件

输入下面的程序，在项目根下利用 basic 模板创建 Spider 文件 Pythontranslate. py。

```
scrapy genspider Pythontranslate translate. google. cn
```

运行结果如图 7-8 所示。

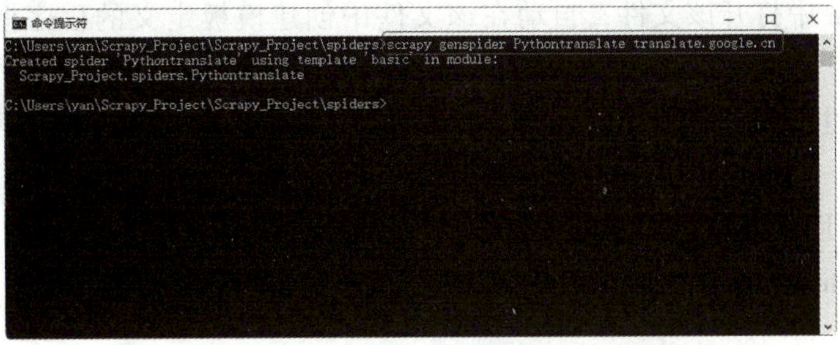

图 7-8 创建文件运行结果

在 PyCharm 中打开该文件，自动在该文件中创建模板定义的程序框架，如图 7-9 所示。

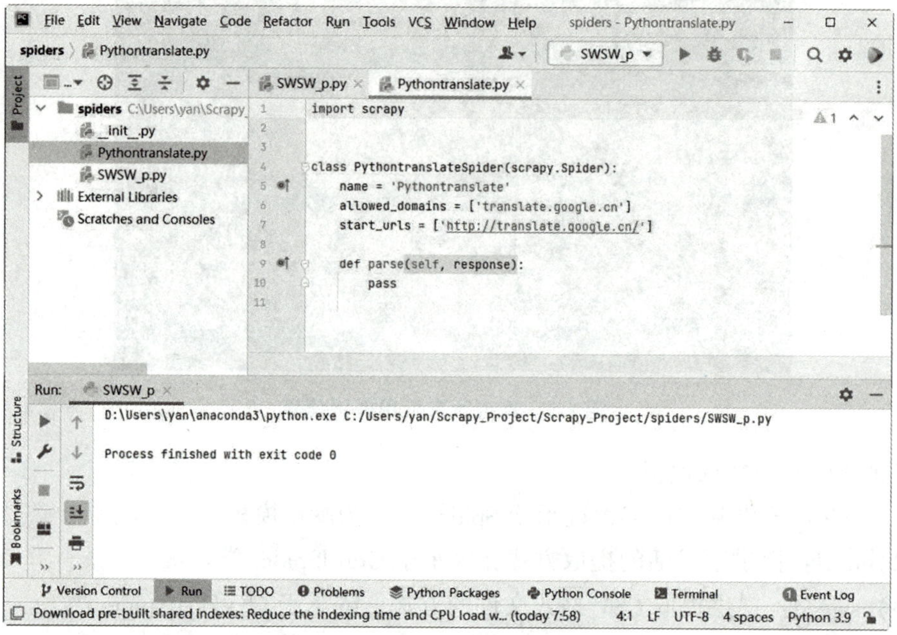

图 7-9 Pythontranslate. py 文件

下面介绍 basic 模板文件中的默认参数。

(1)name：网络爬虫的名称，使用 crawl 执行时用到。

(2)allowed_domains：允许爬取的域名范围。

(3)start_urls：启动网络爬虫的网址。

(4)parse(self, response)：用于处理爬取的数据。

7.2.3 创建 crawl 模板文件

输入下面的程序，在项目根下利用 crawl 模板创建 Spider 文件 Pythontranslate2. py。

```
scrapy genspider -t crawl Pythontranslate2 translate. google. cn
```

在 PyCharm 中打开该文件，自动在该文件中创建模板定义的程序框架，如图 7-10 所示。

crawl 模板生成的代码比 basic 模板生成的要复杂很多，下面介绍该模板文件中的默认参数。

(1)rules：用于提取页面中的网址。

(2)parse_item：用于提取爬取的数据。

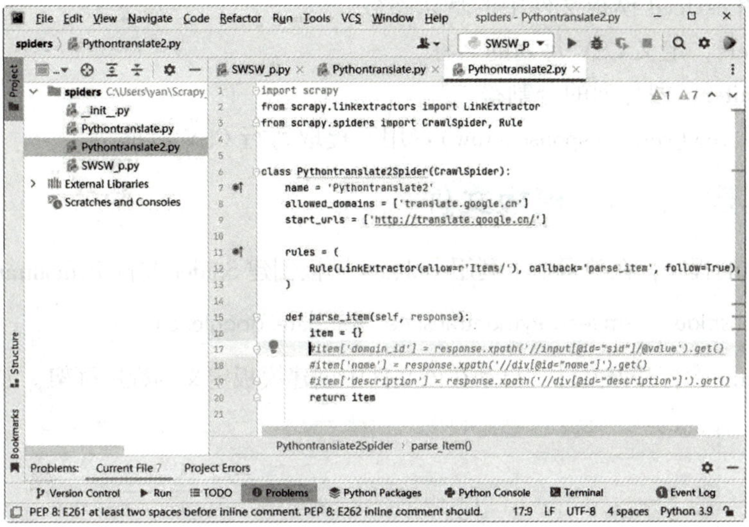

图 7-10　Pythontranslate2. py 文件

7.2.4　创建 csvfeed 模板文件

输入下面的程序，在项目根下利用 csvfeed 模板创建 Spider 文件 Pythontranslate3. py。

```
scrapy genspider -t csvfeed Pythontranslate3 translate. google. cn
```

在 PyCharm 中打开该文件，自动在该文件中创建模板定义的程序框架，如图 7-11 所示。

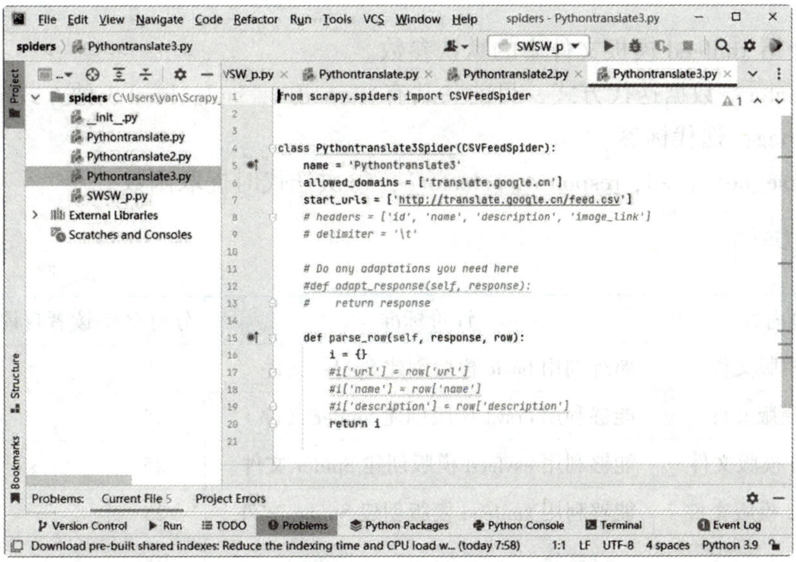

图 7-11　Pythontranslate3. py 文件

下面介绍 csvfeed 模板文件中的默认参数。

(1)headers:定义 CSV 每列的名称。

(2)delimiter:列与列的分割符。

(3)parse_row(self, response, row):用于提取每行 CSV 数据。

7.2.5 创建 xmlfeed 模板文件

输入下面的程序,在项目根下利用 xmlfeed 模板创建 Spider 文件 Pythontranslate4. py。

```
scrapy genspider -t xmlfeed Pythontranslate4 translate. google. cn
```

在 PyCharm 中打开该文件,自动在该文件中创建模板定义的程序框架,如图 7-12 所示。

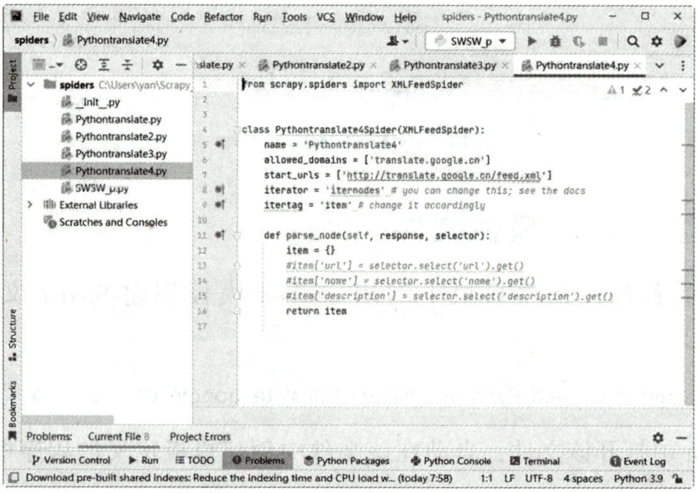

图 7-12 Pythontranslate4. py 文件

下面介绍 xmlfeed 模板文件中的默认参数。

(1)iterator:数据迭代方式,目前一共有 iternodes、xml、html 3 种方式。

(2)itertag:迭代标签。

(3)parse_node(self, response, selector):每次迭代时提取函数。

任务评价

评价内容	评价标准	分值/分	读者自评	老师评估
创建 basic 模版文件	熟练利用 basic 模版创建 Spider 文件	25		
创建 crawl 模版文件	能够利用 crawl 模版创建 Spider 文件	25		
创建 csvfeed 模版文件	能够利用 csvfeed 模版创建 Spider 文件	25		
创建 xmlfeed 模版文件	能够利用 xmlfeed 模版创建 Spider 文件	25		
总分		100		

任务 3　Scrapy 网络爬虫文件

任务描述

小白虽然可以轻松地爬取景点数据，但是通过定义网络爬虫框架爬取网页时，面对众多新名词、新概念，还是一筹莫展。但作为新世纪的全面人才，应该有越挫越勇、不屈不挠的斗志。小白揪住主线，层层剥开，进入 Scrapy 网络爬虫文件的编写部分，发现其本质。Scrapy 爬取数据的步骤相对比较清晰，一步一步跟着步骤线，带着对新名词的疑问，小白继续网络爬虫学习之旅。

任务分析

本任务分为 4 个小节，首先介绍 Spider 类，这是 Scrapy 框架中用于定义爬虫行为的核心组件；其次介绍如何配置网络爬虫；再次介绍如何启动网络爬虫，并了解其运行机制和流程；最后介绍如何提取数据，即从抓取的网页中解析出需要的信息。通过这 4 个小节的学习，读者将能够掌握使用 Scrapy 进行网络爬虫开发的基本技能。

任务重点与实施

Scrapy 网络爬虫文件 Spider 中包含一个用于下载的初始 URL，以及如何跟进网页中的链接及分析页面中的内容、提取生成 item 的方法。

利用 Scrapy 爬取数据的步骤如下。

(1)建立一个 Scrapy 网络爬虫工程。

(2)在工程中产生一个 Scrapy。

(3)配置产生的 spider 网络爬虫。

(4)运行网络爬虫，获取网页。

7.3.1　Spider 类

Spider 类定义了如何爬取某个网站，包括爬取的动作及如何从网页的内容中提取结构化数据。

在 Scrapy_Project/Scrapy_Project/spiders 中，创建一个以 *.py 为扩展名的 Spider 文件(如 Scrapy_Project.py)，可以在该文件中编写程序。

在编写程序文件时，为了防止出现语法问题，需要添加一行程序。

```
# -* - coding: utf-8 -* -
```

Spide 文件是用户编写用于从单个网站(或多个网站)爬取数据的类，代码如下。

```
class Scrapy_ProjectSpider(scrapy. Spider):
```

该文件主要用于定义以下属性。

(1)name：定义 spider 名字的字符串，用于区别 Spider，该名字必须是唯一的，如 name = 'Scrapy_Project'。

(2)allowed_domains：包含网络爬虫允许的域名列表。

(3)start_urls：包含 Spider 在启动时进行爬取的 url 列表，如 start_urls = ['http:XXX']。

(4)start_request：该方法用于生成网络请求，请求方法默认是 get 请求。

网络爬虫收到上面的地址 start_urls 后，通过 scrapy. Request()函数发送 get 请求，其调用格式如下。

```
scrapy. Request(url =url, callback =self. parse,
                method ='GET', headers, body,
                cookies, meta, encoding ='utf-8',
                priority =0, dont_filter =False, errback)
```

参数说明如下。

(1)url：指定爬取的网址。

(2)callback：使用 parse 回调函数。

(3)method(string)：HTTP 请求的方法，默认为 GET。

(4)headers：request 的头信息。

(5)body：body 参数，定义发送请求时发送的请求体数据。

(6)cookies：cookie 有两种格式，即字典格式和列表格式。

(7)meta：指定 Request. meta 属性的初始值。

(8)encoding：请求的编码，默认为 utf-8。

(9)priority：请求的优先级。

(10)dont_filter：指定该请求是否被 Scheduler 过滤。

(11)errback：处理异常的回调函数。

通过 scrapy. FormRequest()函数发送 POST 请求，其调用格式如下。

```
scrapy. FormRequest(url =url, formdata =self. data, callback =self. parse)
```

参数说明如下。

(1)url：指定爬取的网址。

(2)formdata：定义发送网络请求时发送的数据。

(3)callback：使用 parse 回调函数。

当需要对多个网址进行爬取时，一般将关键字 yield 与 scrapy. Request()函数连用，格式如下。

```
yield scrapy. Request(url =url, callback =self. parse)
```

parse( )：用于定义 spider 的一个方法，收到服务器返回的内容后，就将内容传递给 parse( ) 函数。示例如下。

```
def parse(self, response):
```

该方法被调用时，每个初始 URL 完成下载后生成的 Response 对象将会被作为唯一的参数传递给该函数。

发送请求返回响应后，可以利用指定的属性和方法获取响应数据，具体如下。

(1) url：包含 request 的 URL 字符串。

(2) method：代表 HTTP 请求方法的字符串，如"GET"、"POST"……

(3) headers：request 的头信息。

(4) body：请求体。

(5) meta：一个 dict，包含 request 的任意元数据。该 dict 在新 Requests 中为空，当 Scrapy 的其他扩展启用的时候填充数据。dict 在传输时是浅拷贝。

(6) copy( )：复制当前 Request。

(7) replace([url, method, headers, body, cookies, meta, encoding, dont_filter, callback, errback])：返回一个参数相同的 Request。

7.3.2　配置网络爬虫

settings. py 是 Scrapy 网络爬虫的配置文件，这个文件包含所有有关 Django 项目的配置信息，均大写。为了使 settings. py 适用 Scrapy 项目，需要对默认配置文件进行相应的修改。

1. 修改语言与时区配置

在项目中设置语言、时区是必不可少的，打开 settings. py 文件，在文件的末尾部分找到相应的变量进行配置，如下所示。

```
LANGUAGE_CODE = 'zh-Hans'                 # 设置为中文模式
TIME_ZONE = 'Asia/Shanghai'               # 设置为中国时间
```

2. 设置时区不敏感

当 USE_TZ 设置为 False 时，表示对时区不敏感，并且让数据库时间符合本地时区。

3. Robots 协议

Robots 协议告知所有网络爬虫网站的爬取策略，一般设置为拒绝遵守 Robots 协议，需要添加一行程序。

```
ROBOTSTXT_OBEY = False
```

4. 伪造成浏览器访问

在 settings. py 文件中，使用 USER_AGENT 伪造成浏览器访问，添加下面的程序。

```
USER_AGENT = 'Mozilla/5. 0 (Windows NT 10. 0; Win64; x64) AppleWebKit/537. 36 (KHTML, like Gecko) Chrome/66. 0. 3359. 139 Safari/537. 36'
```

5. 延迟抓取

DOWNLOAD_DELAY 表示对同一个站点抓取延迟。

DOWNLOAD_DELAY = 1 表示 1 秒抓取一次。

6. 多线程抓取

CONCURRENT_REQUESTS_PER_DOMAIN 表示对同一个站点并发有多少个线程抓取。

```
CONCURRENT_REQUESTS_PER_DOMAIN = 1
```

7. 保存文件的中文格式

使用 scrapy 抓取中文网页，得到的数据类型是 unicode，在控制台输出时也显示 unicode，添加下面的程序，保存成 JSON 文件时显示中文数据。

```
ITEM_PIPELINES = {
    'panda. pipelines. WriteJsonPipeline': 300
}
```

除了对 settings. py 文件的基本修改，还可以根据项目实际要求进行很多配置。运行项目的命令行与项目保持实时同步的状态，对项目的操作会直接反馈到命令行中，可以帮助开发者发现错误并找到错误原因。

在运行 Scrapy 网络爬虫的过程中，出现“HTTP status code is not handled or not allowed”的问题，是因为 HTTP 状态码没有被处理或允许，导致网络爬虫无法继续，如图 7-13 所示。

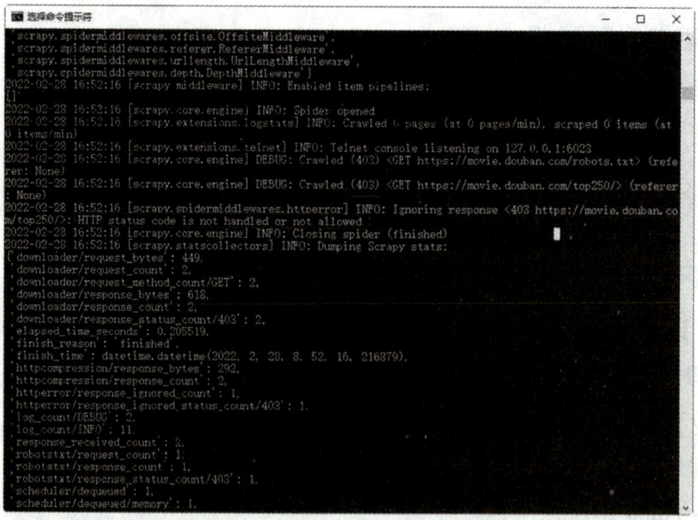

图 7-13　错误信息

在 settings. py 文件中添加下面的程序。

```
HTTPERROR_ALLOWED_CODES = [403]
```

若报错 302，就在方括号中添加 302。若报错 403，就添加 403。

7.3.3　启动网络爬虫

完成 Spider 文件编写后，进入文件所在路径，运行下面的程序。

```
scrapy crawl name
```

name 是 Spider 文件中定义的值。运行上面的程序，启动网络爬虫后就可以看到输出结果。

使用 crawl 命令运行 Scrapy 项目名(Spider 文件中的 name 名称)，在命令提示符窗口中输入如下代码。

```
scrapy crawl SW_SW
```

按【Enter】键，运行项目文件，结果如图 7-14 所示。

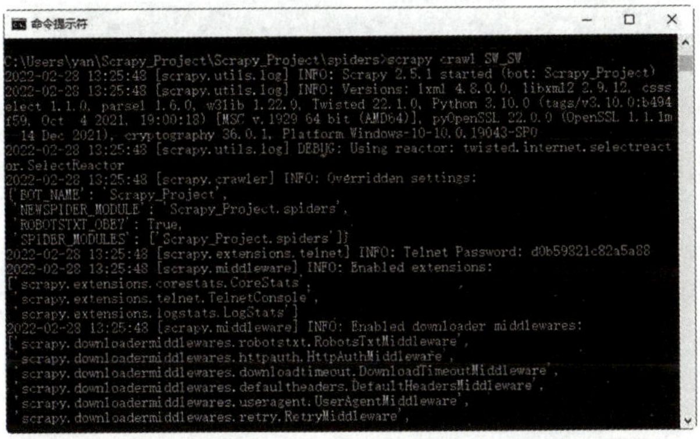

图 7-14　运行 Scrapy 项目文件的结果

除了在命令提示符中运行网络爬虫，还可以在 PyCharm 中直接运行网络爬虫。单击“Terminal(终端)”按钮，打开终端窗口，输入“scrapy crawl SW_SW”，运行网络爬虫，结果如图 7-15 所示。

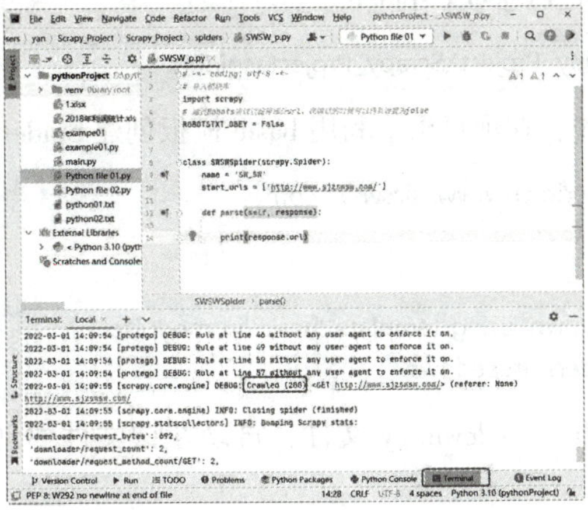

图 7-15　在 Terminal 窗口中运行网络爬虫

crawl 还可以将爬取数据保存为文件，Scrapy 主要有 4 种文件保存格式：JSON、JSON lines、CSV 和 XML，最常用的是将结果保存为 JSON 格式导出，命令如下。

```
scrapy crawl name -o name.json -t json
```

-o 后面是导出文件名，-t 后面是导出类型。

案例 发送 HTTP 请求

在石家庄××××文化传播有限公司网页中选择“免费下载”选项卡，显示可以免费下载的图书及其资源，网址为 http://www.sjz××××.com/Freedownload-19.html，如图 7-16 所示。使用 scrapy 发送 HTTP 请求，获取网页信息。

扫码看视频

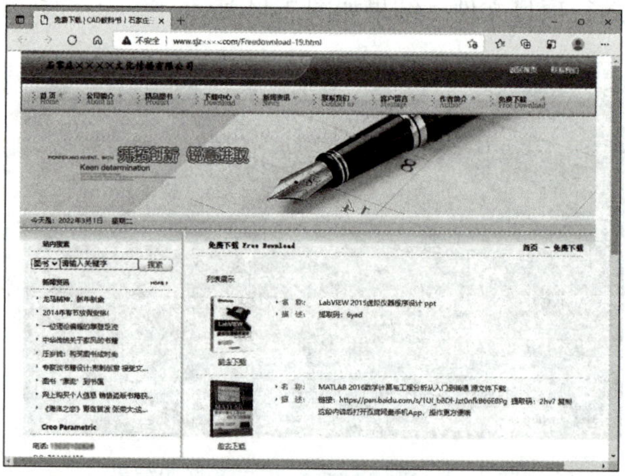

图 7-16 图书免费下载网址

操作步骤如下。

(1)打开 Terminal 窗口，输入下面的程序，进入项目根目录 C:\Users\yan\Scrapy_Project\Scrapy_Project\spiders。

```
cd C:\Users\yan\Scrapy_Project\Scrapy_Project\spiders
```

(2)输入下面的程序，在项目根下利用 basic 模板创建 Spider 文件。

```
scrapy genspider freeedown www.sjzswsw.com
```

运行结果如下。

```
Created spider 'freeedown' using template 'basic' in module:
  Scrapy_Project.spiders.freeedown
```

(3)在根目录下打开 freeedown.py 文件，自动在该文件中创建模板定义的程序框架，如图 7-17 所示。

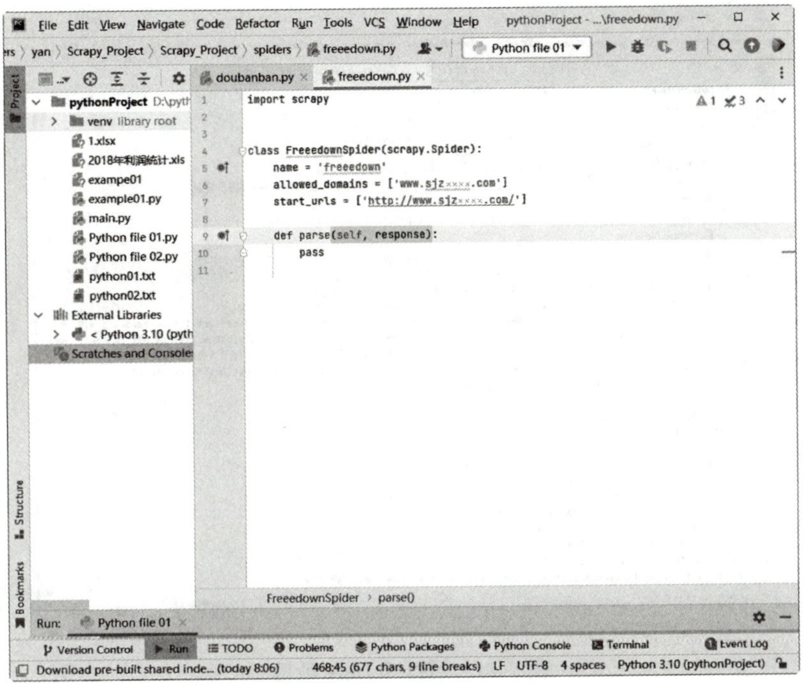

图 7-17　freeedown. py 文件

在 PyCharm 中的 parse( ) 下编写程序，定义 spider 的一个方法。

PyCharm 程序如下。

```
import scrapy


class FreeedownSpider(scrapy. Spider):
    name = 'freeedown'
    allowed_domains = ['www. sjz××××. com']
    start_urls = ['http://www. sjz××××. com/Freedownload-19. html']

    def parse(self, response, * args, ** kwargs):
        print('访问网址', response. url)
        with open('D:/NewPython/网页/gongsi. txt', 'wb') as f:
            f. write(response. body)
```

(4) 在 Terminal 窗口中，使用 crawl 命令运行 Scrapy 项目名(Spider 文件中的 name 名称)，输入如下代码。

```
scrapy crawl freeedown
```

按【Enter】键，运行项目文件，结果如图 7-18 所示。

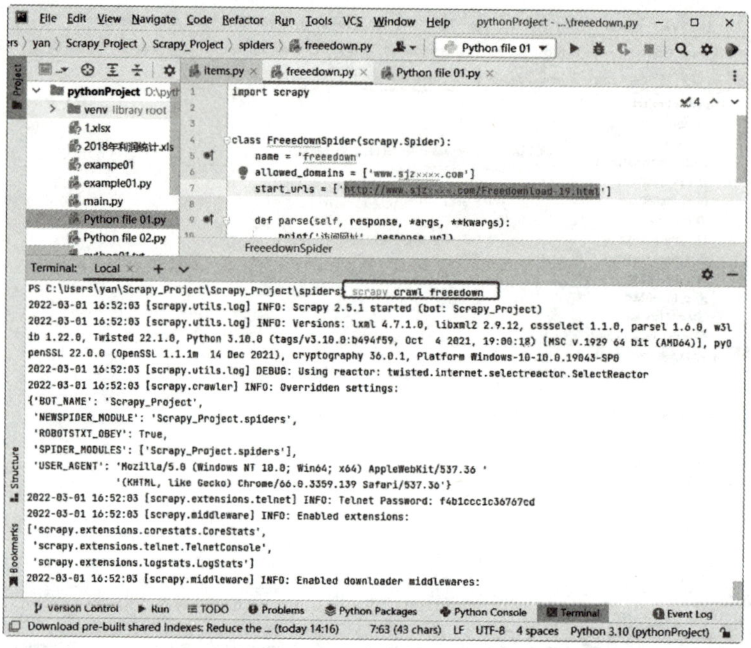

图 7-18 运行 Scrapy 项目

如下程序在运行结果中显示状态码 200，表示运行成功。

2022-03-01 13:36:11 [scrapy. core. engine] DEBUG: Crawled (200) <GET http://www. sjz×××× . com/Freedownload-19. html> (referer: None)

(5)访问网址 http://www. sjz××××. com/Freedownload-19. html

将访问的网页 body 数据体保存在创建的 TXT 文件中，如图 7-19 所示。

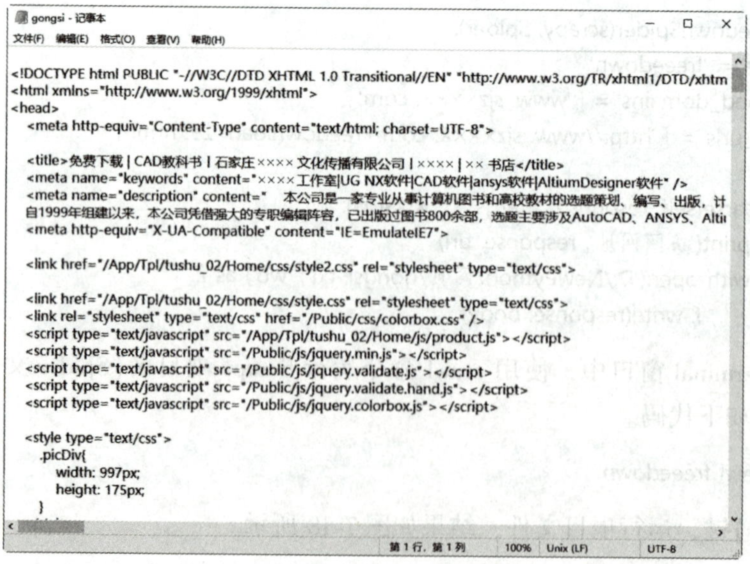

图 7-19 保存 TXT 文件

7.3.4 提取数据

parse()方法负责解析返回的数据(response data)、提取数据及生成需要进一步处理的 URL 的 Request 对象。Scrapy 提取数据除了使用自带的选择器(seletors),还可以通过特定的 XPath 或 CSS 表达式来选择 HTML 文件中的某个部分。

1. Scrapy 提取数据

解析网页实质上需要完成两件事情:一是提取网页上的地址;二是提取网页上的资源。提取网址实质上是指获取存在于待解析网页上的其他网页的地址。

不需要在 spider 文件中引入第三方库,Scrapy response 自带的 follow()方法可以实现下一个页面的提取。其调用格式如下。

```
response. follow(url =href, callback =self. parse_next)
```

follow_all()方法同样可以实现所有同层下一个页面的提取。

2. XPath 提取数据

XPath 是一种用来在 XML 文件中选择节点的语言,也可以在 HTML 中使用。其调用格式如下。

```
response. xpath(path)
```

path 用于定义网页节点,如'//ul@ class'。

上面返回的是 DOM 片段,还可以进一步解析,extract()方法通过切片提取符合条件的所有节点,返回的是一个列表结果;extract_first()方法提取字符串列表中的第一个节点。

3. CSS 提取数据

CSS 是一门将 HTML 文档样式化的语言,选择器由 CSS 定义,并与特定的 HTML 元素的样式相关联。其调用格式如下。

```
response. css(path)
```

案例 提取城市名称

招聘网首页网址如下。http://www. zhaopin. com/,提取整个网站招聘单位涉及的城市。

扫码看视频

操作步骤如下。

(1)打开 PyCharm,在 Terminal 窗口输入下面的程序,进入项目根目录。

```
cd C:\Users\yan\Scrapy_Project\Scrapy_Project\spiders
```

(2)输入下面的程序,在项目根下利用 basic 模板创建 Spider 文件。

```
scrapy genspider zhaopin www. zhaopin. com
```

(3)在根目录下打开 zhaopin. py 文件，自动在该文件中创建模板定义的程序框架，PyCharm 程序如下。

```
import scrapy


class ZhaopinSpider(scrapy. Spider):
    name = 'zhaopin'
    allowed_domains = ['www. zhaopin. com']
    start_urls = ['http://www. zhaopin. com/']

    def parse(self, response):
        pass
```

(4)利用 xpath 解析器对收到的 response 进行分析，从而提取出需要的数据，parse 程序如下。

```
def parse(self, response, * args, ** kwargs):
        city = response. xpath("//li/strong/a/text()"). extract()
        print('city_name', city)
```

//×××表示任何目录下的×××节点，/×××表示子目录下的×××节点，/text()表示获取该节点的文本，extract()表示将内容提取出来。

在 Terminal 窗口使用 crawl 命令运行 Scrapy 项目名，输入下面的程序。

```
scrapy crawl zhaopin
```

按【Enter】键，运行项目文件，结果如图 7-20 所示。

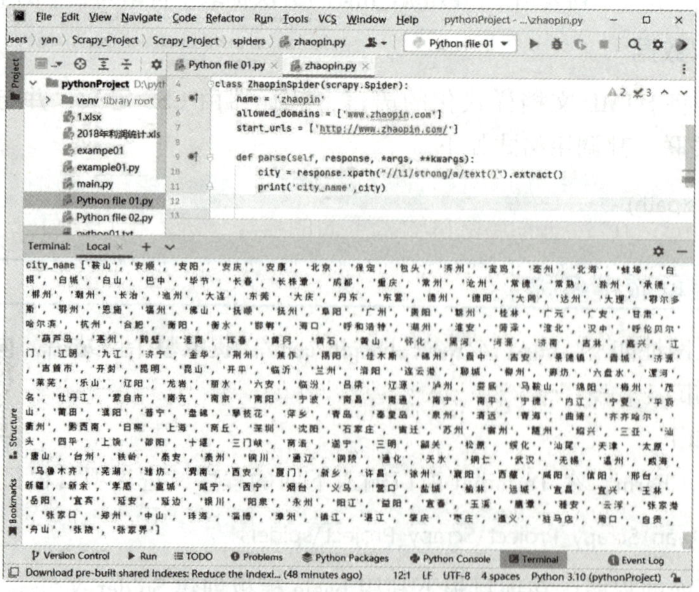

图 7-20　Scrapy 项目运行结果

任务评价

评价内容	评价标准	分值/分	读者自评	教师评估
Spider 类	熟悉 Spider 类中一系列参数	25		
配置网络爬虫	能够对默认配置文件进行修改	25		
启动网络爬虫	能够运行网络爬虫	25		
提取数据	能够提取网页数据	25		
总分		100		

项 目 小 结

本项目主要介绍了 Scrapy 网络爬虫框架。首先介绍了 Scrapy 的核心概念和架构；其次了通过使用模板创建 Spider 文件；最后介绍了 Scrapy 网络爬虫文件的结构与功能，包括 Spider 类的定义、网络爬虫的配置、启动方式以及数据提取方法。通过本项目的学习，不仅增强了读者对 Scrapy 的理解，也提升了读者在实际项目中运用 Scrapy 进行数据抓取的能力。

项 目 实 战

实战 提取景区名称

某地区景区首页网址：http：//www. halehuo. com/jingqu. html，提取整个地区的景区名称。

操作步骤如下。

(1)创建网络爬虫文件。字体样式同下文。

打开 PyCharm，在 Terminal(窗口输入下面的程序，进入项目根目录。

```
cd C:\Users\yan\Scrapy_Project\Scrapy_Project\spiders
```

输入下面的程序，在项目根下利用 basic 模板创建 Spider 文件。

```
scrapy genspider jingqu www. halehuo. com/jingqu. html
```

在根目录下打开 jingqu. py 文件，自动在该文件中创建模板定义的程序框架，如图 7-21 所示。

(2)编写网络爬虫文件。

利用 xpath 解析器对收到的 response 进行分析，从而提取出需要的数据，parse 程序如下。

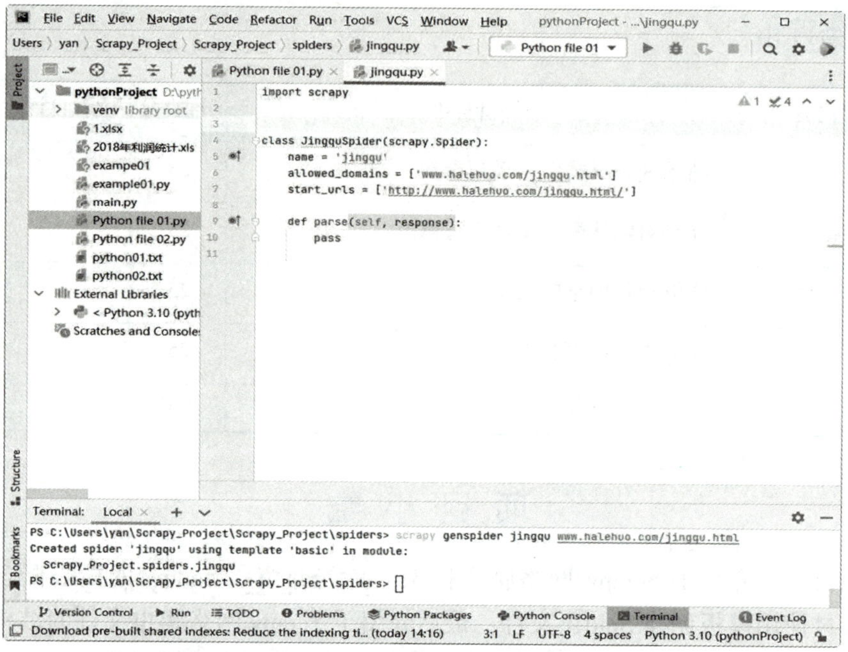

图 7-21 创建网络爬虫模板文件

```
import scrapy
class JingquSpider(scrapy. Spider):
    name = 'jingqu'
    allowed_domains = ['www. halehuo. com/jingqu. html']
    start_urls = ['http://www. halehuo. com/jingqu. html/']

    def parse(self, response, * args, ** kwargs):
        city_names = response. xpath("//div/h3[@class='h3']/text()"). extract()
        Attraction_names = response. xpath("//div/div/a/text()"). extract()
        yield {'景点城市': city_names, '景点名称': Attraction_names}
```

(3)运行网络爬虫文件。

在 Terminal 窗口使用 crawl 命令运行 Scrapy 项目名，输入下面的程序。

```
scrapy crawl jingqu
```

执行上面的程序，运行项目文件，运行结果如下。

```
{'景点城市': ['郑州', '开封', '洛阳', '平顶山', '安阳', '鹤壁', '新乡', '焦作', '许昌', '漯河', '三门峡', '南阳', '商丘',
'信阳', '周口', '驻马店'], '景点名称': ['首页', '\r\n\t', '\r\n\t', '\r\n\t', '\r\n\t', '\r\n\t', '\r\n\t', '郑国车马坑景区', '4A-包公祠', '红山大峡谷', '3A-天子驾六博物馆', '4A-天河大峡谷', '怪坡风景区', '3A-知青园', '4A-三苏园景区', '5A-尧山风景名胜区', '鲁山皇姑浴温泉', '尧龙湾温泉水上乐园', '祥龙谷景区', '洪谷山风景名胜区', '4A-洹水湾温泉旅游区', '4A-朝阳山景区', '古灵山景区', '4A-大伾
```

```
山景区', '鹤壁龙岗人文小镇', '童年部落亲子王国', '香木河自然保护区', '4A-轿顶山风景区', '4A-比干庙', '香木河漂流', '香木河滑雪', '4A-陈家沟景区(需线上购票)', '5A-神农山', '4A-大鸿寨(门票)', '4A-灞陵桥景区', '4A-大鸿寨(门票+玻璃桥)', '小商桥景区', '韶山峡风景区', '神仙峡风景区', '4A-双龙湾风景区', '灵宝娘娘山景区', '汉山风景区', '4A-灵宝函谷关', '渑池县大柏树景区', '飞龙山景区', '娘娘山门票+单程景交车+玻璃观景台+玻璃滑道', '龙潭沟景区', '4A-西峡老君洞风景区', '4A-花洲书院', '寺山国家森林公园', '西峡银树沟', '4A-桐柏山淮源风景名胜区', '4A-南阳香严寺风景区', '八仙洞地质公园', '4A-中原二龙山', '4A-商丘古城', '许世友将军故居(面向社会开放)', '4A-周口关帝庙民俗博物馆', '竹沟革命纪念馆(面向社会开放)', '\r\n\t\t\t\t', '\r\n\t\t\t\t', '\r\n\t\t\t', '在线咨询']}
```

(4)编辑网络爬虫文件。

观察上面的运行结果可以发现，运行结果输出格式杂乱，可阅读性差，使用迭代程序代替，程序如下。

```
def parse(self, response, * args, ** kwargs):
    city_names = response. xpath("//div/h3[@class='h3']/text()"). extract()
    Attraction_names = response. xpath("//div/div/a/text()"). extract()
    for city_name in city_names:
        print("景区地名: ", city_name)
    for Attraction_name in Attraction_names:
        print("景区名称: ", Attraction_name)
```

在 Terminal 窗口使用 crawl 命令运行 Scrapy 项目名，输入下面的程序。

```
scrapy crawl jingqu
```

运行项目文件，运行结果如图 7-22 所示。

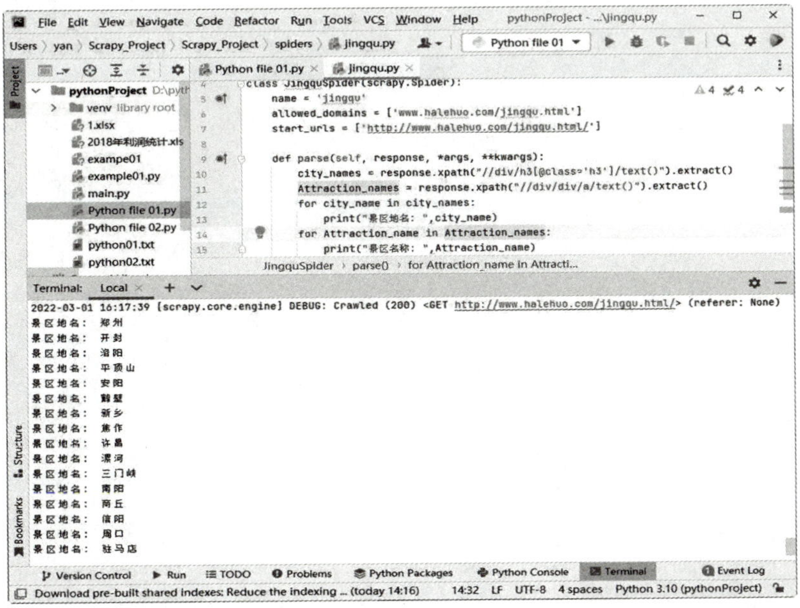

图 7-22　运行结果

参考文献

[1] 王杨，常东超．Python 语言程序设计[M]．北京：化学工业出版社，2024.

[2] 王靖，商艳红，张洪波．Python 数据分析快速上手[M]．北京：清华大学出版社，2024.

[3] 池瑞楠，张良均．Python 网络爬虫技术(微课版)[M]．2 版．北京：人民邮电出版社，2023.

[4] 王印，朱嘉盛．网络工程师的 Python 之路：网络运维自动化实战[M]．2 版．北京：电子工业出版社，2023.

[5] 吕鉴涛．Python 语言区块链开发实战[M]．北京：人民邮电出版社，2022.